助力乡村振兴 出版计划

【现代农业科技与管理系列】

主要粮食作物
病虫害
绿色防控技术

主　　编　廖　敏

副主编　高　全　盛成旺　赵　宁

编写人员　檀根甲　唐秀军　江湖彪　陈　雨

　　　　　方庆奎　邱　坤　肖金京　黄　勇

　　　　　蒋兴川　李晓萌　张晶旭　董永成

　　　　　李茂业　朱德慧　蒋　山　姚卫平

　　　　　孙俊铭　韦　刚　营金凤　徐　星

　　　　　潘　凡　马　跃　夏玉顺

时代出版传媒股份有限公司
安徽科学技术出版社

图书在版编目（CIP）数据

主要粮食作物病虫害绿色防控技术 / 廖敏主编.--合肥：安徽科学技术出版社，2024.1
助力乡村振兴出版计划.现代农业科技与管理系列
ISBN 978-7-5337-8950-3

Ⅰ.①主… Ⅱ.①廖… Ⅲ.①粮食作物-病虫害防治-无污染技术 Ⅳ.①S435

中国国家版本馆 CIP 数据核字(2024)第 002193 号

主要粮食作物病虫害绿色防控技术　　　　　　　　　　主编 廖　敏

出版人：王筱文　　　　　　选题策划：丁凌云　蒋贤骏　余登兵
责任编辑：高清艳　孟祥雨　责任校对：程　苗　责任印制：廖小青
装帧设计：王　艳
出版发行：安徽科学技术出版社　　　http://www.ahstp.net
（合肥市政务文化新区翡翠路 1118 号出版传媒广场，邮编：230071）
　　　　　电话：(0551)63533330
印　　制：安徽联众印刷有限公司　　电话：(0551)65661327
（如发现印装质量问题，影响阅读，请与印刷厂商联系调换）

开本：720×1010　1/16　　　印张：8　　　字数：123 千
版次：2024 年 1 月第 1 版　　印次：2024 年 1 月第 1 次印刷

ISBN 978-7-5337-8950-3　　　　　　　　　　定价：35.00 元

"助力乡村振兴出版计划"编委会

主　任
查结联

副主任
陈爱军　罗　平　卢仕仁　许光友
徐义流　夏　涛　马占文　吴文胜
董　磊

委　员
胡忠明　李泽福　马传喜　李　红
操海群　莫国富　郭志学　李升和
郑　可　张克文　朱寒冬　王圣东
刘　凯

【现代农业科技与管理系列】

（本系列主要由安徽农业大学组织编写）

总主编: 操海群

副总主编: 武立权　黄正来

出版说明

　　"助力乡村振兴出版计划"（以下简称"本计划"）以习近平新时代中国特色社会主义思想为指导,是在全国脱贫攻坚目标任务完成并向全面推进乡村振兴转进的重要历史时刻,由中共安徽省委宣传部主持实施的一项重点出版项目。

　　本计划以服务乡村振兴事业为出版定位,围绕乡村产业振兴、人才振兴、文化振兴、生态振兴和组织振兴展开,由《现代种植业实用技术》《现代养殖业实用技术》《新型农民职业技能提升》《现代农业科技与管理》《现代乡村社会治理》五个子系列组成,主要内容涵盖特色养殖业和疾病防控技术、特色种植业及病虫害绿色防控技术、集体经济发展、休闲农业和乡村旅游融合发展、新型农业经营主体培育、农村环境生态化治理、农村基层党建等。选题组织力求满足乡村振兴实务需求,编写内容努力做到通俗易懂。

　　本计划的呈现形式是以图书为主的融媒体出版物。图书的主要读者对象是新型农民、县乡村基层干部、"三农"工作者。为扩大传播面、提高传播效率,与图书出版同步,配套制作了部分精品音视频,在每册图书封底放置二维码,供扫码使用,以适应广大农民朋友的移动阅读需求。

　　本计划的编写和出版,代表了当前农业科研成果转化和普及的新进展,凝聚了乡村社会治理研究者和实务者的集体智慧,在此谨向有关单位和个人致以衷心的感谢!

　　虽然我们始终秉持高水平策划、高质量编写的精品出版理念,但因水平所限仍会有诸多不足和错漏之处,敬请广大读者提出宝贵意见和建议,以便修订再版时改正。

本册编写说明

近年来,我国农作物病虫害重发、频发,对国家粮食安全构成严重威胁。化学防治可以有效控制农作物有害生物为害,但农药的不合理使用容易带来农业面源污染和农产品农药残留超标等问题,影响农业生态环境安全和农产品质量安全。随着经济发展和人们环保意识的提高,社会各界对绿色农产品的需求快速提升。因此,做好农作物病虫害绿色防控工作尤为重要。

2020年3月26日,国务院公布《农作物病虫害防治条例》(以下简称《条例》),自2020年5月1日起施行。该《条例》的公布与实施是我国植物保护发展史上的重要里程碑,对依法推进农作物病虫害绿色防控、保障农业绿色可持续发展具有深远意义。从总体上看,目前我国农作物病虫害绿色防控主要依靠项目推动,以示范展示为主,与农业绿色发展的迫切需要仍存在一定的差距。为了更好地宣传农作物病虫害绿色防控理念和技术,我们在认真总结以往经验的基础上,查阅了大量文献,编撰了《主要粮食作物病虫害绿色防控技术》一书。

本书详细阐述了我国农作物病虫害绿色防控的发展现状及趋势,系统、全面地介绍了农作物病虫害绿色防控的主要技术措施,对水稻、小麦和玉米三大粮食作物主要病虫害的形态特征、发生规律、分布与危害以及相应的绿色防控技术进行了详细介绍,并针对不同作物全生育期病虫害的发生特点,分别提出了水稻、小麦和玉米全生育期病虫害绿色防控技术方案。

目　录

第一章 ▶ 农作物病虫害绿色防控概论

● 第一节 公共植保、绿色植保、科学植保、智慧植保

近年来,由于气候变化、复种指数提高、栽培制度变更等因素的影响,我国农作物有害生物种类及发生规律出现较大变化,总体呈重发态势,导致农作物减产、品质下降,严重威胁国家粮食安全。农业农村部于2023年3月7日公布了《一类农作物病虫害名录(2023年)》,以小麦条锈病、小麦赤霉病、稻瘟病、南方水稻黑条矮缩病和玉米南方锈病等为代表的8种病害,以草地贪夜蛾、黏虫(东方黏虫和劳氏黏虫)、稻飞虱(褐飞虱和白背飞虱)、稻纵卷叶螟、二化螟、小麦蚜虫(麦长管蚜、禾谷溢管蚜和麦二叉蚜)和亚洲玉米螟等为代表的10种害虫被归为一类农作物病虫害。据联合国粮食及农业组织(FAO)估算,全世界每年因农作物病虫害造成的粮食产量损失占总产量的比例高达37%。随着经济社会的发展、人口的不断增长和环境压力的逐步加大,人们对农产品质量安全的要求也在不断提高。因此,做好植物保护工作在农业生产中尤为重要。

长期以来,化学防治作为控制病虫害的主要手段,在保障粮食等重要农产品有效供给中发挥着重要作用,但是农药的不合理使用容易造成农业面源污染和农产品农药残留超标等问题。为适应现代农业发展的新形势,确保国家粮食安全、农产品质量安全、农业生态安全和农业贸易安全,"公益"和"绿色"的概念开始融入农作物有害生物综合治理工作中。2009年,全国植物保护工作会议上提出"公共植保、绿色植保"两大植保理念,2012年又增加了"科学植保"这一理念。"公共植保、绿色植保、

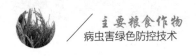
科学植保"三大理念目前已成为我国植物保护工作的基本方针。

随着科学发展与技术进步,现代信息技术在农业生产中的应用使农业机械与装备更加自动化、智能化,推动我国农业向智慧农业发展。2016年至2023年的中央一号文件均对加强关键信息技术在农业领域中的应用、推动农业现代化发展提出要求。智慧植保作为智慧农业的组成部分,以可持续植保和精准植保为基础,是现代农业的重要发展方向。

一 公共植保

公共植保是指把植物保护工作作为农业和农村公共事业的重要组成部分,强化"公共"性质,从事"公共"管理,开展"公共"服务,提供"公共"产品。

二 绿色植保

绿色植保是指把植物保护工作作为人与自然和谐系统的重要组成部分,拓展"绿色"智能,满足"绿色"消费,服务"绿色"农业,提供"绿色"产品。

三 科学植保

科学植保是以现代科学技术为支撑的病虫害绿色防控技术,是确保粮食安全及重要农产品有效供给的重大举措,是农业供给侧结构性改革的动力源泉。

四 智慧植保

智慧植保将传统的植物保护技术与卫星遥感、雷达探测、无人机监控、航空图像处理、物联网、5G技术、大数据、区块链、人工智能等现代科学技术相结合,有效解决农作物病虫害等问题,为保障农产品质量安全、粮食安全和生态安全做出重要贡献。

近年来,全国农业农村部门和植保体系坚持贯彻"公共植保、绿色植保、科学植保"理念,充分发挥智慧植保在农业生产中的重要作用,连续组织开展"虫口夺粮"保丰收行动,有效控制了农作物重大病虫害发生为害势头,有力保障了国家粮食安全。据全国农业技术推广服务中心科学评估,2022年全国三大粮食作物病虫害(不包括草害和鼠害)防控植保贡献率为20.31%,其中小麦、水稻和玉米分别占24.20%、19.46%和18.84%。与此同时,为及时扭转过分依赖化学农药的局面,提高农作物病虫害防治的效果和社会环境效益,我国植保行业大力发展农作物病虫害绿色防控技术,进一步促进传统化学防治向现代绿色防控转变,实现农作物病虫害的可持续治理。

▶ 第二节　绿色防控的科学内涵

农作物病虫害防控贯穿于整个农业生产过程,必须引起政府部门和农业生产经营者的高度重视。为贯彻落实"公共植保、绿色植保"理念和国务院食品安全工作会议精神,农业农村部于2011年发布《农业部办公厅关于推进农作物病虫害绿色防控的意见》。2020年3月26日,国务院公布《农作物病虫害防治条例》(以下简称《条例》),自2020年5月1日起施行。该《条例》的公布与实施,充分贯彻绿色发展新理念,落实"绿色兴农、质量兴农"新要求,坚持绿色防控原则,是我国植物保护发展史上的重要里程碑,开启了依法植保的新纪元。此外,农业农村部于2015年发布《到2020年农药使用量零增长行动方案》、2022年发布《到2025年化学农药减量化行动方案》,旨在大力推广农作物病虫害绿色防控措施。

一 绿色防控的定义

农作物病虫害绿色防控是采取生态调控、生物防治、理化诱控和科学化控等综合技术和方法,将病虫害为害损失控制在允许水平之下,实现农产品质量安全、农业生产安全以及农业生态环境安全的植物保护措施。

二 绿色防控的功能

对农作物病虫害开展绿色防控,通过采取环境友好型技术措施控制病虫害的发生,能够最大限度地降低现代病虫害防治的成本,以实现生态效益和社会效益的最大化。开展农作物病虫害绿色防控有利于促进

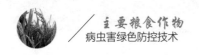
农业标准化生产,是提升农产品质量安全水平的必然要求,也是解决农药残留超标问题、保护生态环境的有效措施。

三 绿色防控的原则

1.优化技术

通过生态调控、生物防治、理化诱控、科学用药等关键技术的集成创新,不断提高绿色防控技术的先进性、实用性和可操作性,促进农业节本增效和可持续发展。

2.保障安全

发展农作物病虫害绿色防控是保障粮食安全、农产品质量安全和生态安全的重要措施。

3.多元推广

加强农科教协作,建立以各级农业推广部门为主体,农民专业合作组织、专业协会、涉农企业和农民带头人广泛参与的绿色防控多元化推广机制。

四 绿色防控的意义

运用绿色防控措施不仅能够对农作物病虫害进行科学合理的防治,减少农药等化学药剂的使用,提高农作物的产量和质量,促进农民增产增收,同时对促进农业发展、助力乡村振兴也具有十分重要的意义。

1.保障农业生产安全

农业生产安全是现代农业生产中的一项重要内容。当前,在农作物种植过程中,用来解决病虫害问题最常用的方法就是化学防治。虽然化学防治可以在短时间内达到控制病虫害的目的,但长期使用农药易导致农作物有害生物产生抗药性,特别是一些高毒性农药的使用易对农作物、农田环境以及种植人员产生危害。农作物病虫害绿色防控在减少农药使用量的同时,一定程度上确保食品的安全性,有效保护农业生产环境,使农作物、农作物有害生物和有益生物三者处于平衡的发展状态。综合来看,农作物病虫害绿色防控是一项长期工作,对推动农业的可持续发展,保障农业生产安全具有重要意义。

2. 提升农业生态环境质量

农药是农业面源污染的主要来源之一,农药残留量超标、误杀天敌等已经严重威胁农业生态环境安全。在当前生态文明创建不断推进的过程中,社会环境保护的任务逐渐变得繁重,各个行业的发展都应坚持绿色发展理念。农作物病虫害绿色防控对环境友好,能够有效控制农作物病虫害发生规模,以此方式代替高毒性化学农药的使用,能够减少对农业生态环境的破坏,实现农业环境保护的目标。

3. 提升农产品质量

在我国社会经济高速发展的背景下,人民生活水平不断提高,其对食品安全的要求也不断提升。化学农药是影响农产品质量安全的关键因素。我国农业生产对化学农药的依赖性较强,为了促进绿色农产品生产,应加强农作物病虫害绿色防控技术的应用,从而减少化学农药的使用次数与用量,避免出现农药残留问题,提升农产品质量,生产出更多有机绿色农产品,满足人们对于绿色、健康农产品的消费需求。

▶ 第三节 绿色防控的未来发展方向及趋势

绿色防控理念的核心是强调植保措施要与自然和谐友好。目前,绿色防控技术在实际应用过程中存在适用技术产品不多、集成度不高、应用规模不大等问题,所面对的挑战较为严峻。

一 发展方向

我国农作物病虫害绿色防控的未来发展有以下四大方向:

一是与国际接轨。顺应世界绿色发展潮流,满足人们的绿色消费需求。随着"公共植保、绿色植保、科学植保"理念与实践的深入发展,大力推广绿色防控技术势在必行。为此,要抓住机遇,把握方向,加速发展。

二是规模化应用。绿色防控技术着眼于生态调控、除害兴利,没有规模就体现不出效益,必须进行规模化推广应用。

三是科技化提升。绿色防控集多种技术于一体,必须通过创新,研发突破性技术产品,以实现信息的高效传输,农作物有害生物的快速鉴

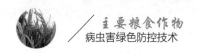

定和诊断,精准、高效的病虫害预测预警,自动化、智能化的有效防控。通过集成创新、组装实用性技术模式,不断提高绿色防控的科技含量与技术水平。

四是产业化推广。产业化推广是发展绿色防控的关键,只有通过产业化推广,才能建立长效推广机制,使绿色防控真正成为农作物有害生物防控的常规技术。

二 发展趋势

我国农作物病虫害绿色防控的未来发展有以下四个趋势:

一是要强化绿色防控技术体系的集成创新,优化配套各种绿色防控关键技术。

二是要强化绿色防控技术体系示范推广模式创新。

三是要加大对绿色防控示范推广的投入。

四是要加强绿色防控示范推广能力建设,大力开展多层次、全范围的绿色防控技术培训。

第二章 农作物病虫害绿色防控技术

▶ 第一节 植物检疫

外来生物入侵是世界各国普遍存在的问题。外来生物成功入侵后的大暴发,不仅对当地生态系统和物种多样性造成严重破坏,还会对社会经济和稳定造成严重影响。植物检疫在预防外来生物入侵上发挥了重要的作用。

一 植物检疫的概念

植物检疫是国家或地区政府为了防止危险性有害生物随植物及其产品的人为引入和传播而采取的措施,涉及法律规范、国际贸易、行政管理、技术保障和信息管理等诸多方面。植物检疫涉及植保中的预防、杜绝或铲除等方面,其特点是从宏观整体上预防一切有害生物(尤其是本区域范围内没有的)的传入、定植与扩展。

二 植物检疫的范围

我国植物检疫分为国内检疫(内检)和国外检疫(外检)。国内检疫指在国内各省、市、县或乡镇地区实行的检疫,防止国内原有的或新近从国外传入的检疫性有害生物在本地扩散蔓延,将其封锁在一定范围内,并尽可能加以消灭。国外检疫是防止检疫性有害生物传入国内或携带出国的重要措施。对植物及其产品在运输过程中进行检疫时,一旦发现其带有检疫性有害生物,即可采取禁止出入境、限制运输、进行消毒除害处理和改变输入植物材料的用途等防范措施。

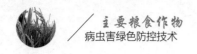
三 植物检疫的法律法规

1982年6月4日,国务院发布了《中华人民共和国进出口动植物检疫条例》(外检条例,包括动物检疫和植物检疫)。1983年1月3日,国务院发布了《植物检疫条例》(植物内检条例),并分别于1992年5月13日、2017年10月7日进行了修订。1992年4月1日,《中华人民共和国进出境动植物检疫法》正式施行。此外,有关部门分别制定了实施细则和一系列配套规定,如《中华人民共和国进境植物检疫危险性病、虫、杂草名录》《中华人民共和国进境植物检疫禁止进境物名录》《植物检疫操作规程》《中华人民共和国进出境动植物检疫行政处罚实施办法》等,有力保障了植物检疫工作的顺利开展。

四 植物检疫的贡献

据统计,"十三五"期间,我国海关在口岸累计截获植物有害生物高达8 858种、逾360万次。其中包括收录在我国最新公布的《中华人民共和国进境植物检疫性有害生物名录》中的小麦矮腥黑穗病菌,该病原菌主要为害冬小麦,病穗有鱼腥味,会造成产量锐减。1962年,美国蒙大拿州卡利斯佩尔小麦产区的小麦染上此病后,使当年冬小麦减产68.7%。小麦矮腥黑穗病菌目前主要分布在日本、巴基斯坦、阿富汗、伊朗、伊拉克、叙利亚、土耳其、澳大利亚、加拿大、美国、阿根廷、乌拉圭等,是我国一类检疫性有害生物。

▶ 第二节　生态调控技术

一 生态调控的概念

生态调控是指通过采取推广抗病虫品种、优化作物布局、培育健康种苗和改善水肥管理等健康栽培措施,并结合农田生态工程、果园生草覆盖、作物间套种和天敌诱集带等生物多样性调控与自然天敌保护利用等方法,改变病虫害的发生环境,人为增强自然控害能力和作物抗病虫能力的防治技术。

二 生态调控的具体做法

1.选用抗(耐)性品种

选用具有抗害、耐害特性的作物品种是栽培健康作物的基础,也是防治农作物病虫害最根本、最经济有效的措施。种植具有良好抗(耐)性的农作物品种,并加强土壤处理,通过抵抗灾害、耐受灾害以及灾后补偿作用,有效减少病虫害对作物的侵害损失。作物品种的抗害性是一种遗传特性,可分为抗病性品种、抗虫性品种和抗干旱、低温、渍涝、盐碱、倒伏和杂草等不良因素的品种等。由于不同的作物、不同的区域对品种的抗性有不同要求,要根据不同农作物种类、不同的播期,针对当地主要病虫害,因地制宜选用高产、优质抗(耐)性品种。

2.优化农作物布局

在同一地区长期种植一种或者几种固定的农作物,会极大地提高病虫害的免疫能力,农作物感染病虫害的概率也会大幅度增加。因此,要积极采用轮作倒茬的耕种方式,恶化病虫生存条件,提高农作物的抵抗能力。例如通过实施一季稻–油菜轮作可有效减少病虫害的发生情况,提高水稻及油菜的产量。此外,在同一片区域种植具有不同抗性的种子能够改良土壤的结构、增加土壤的营养,促使作物产生抗生素来抵御病虫害对农作物的侵染,从而减少农作物病虫害的发生。

3.培育健康种苗

可以利用物理、化学的方法处理种苗,从而保护种子、苗木免受病虫害直接为害和间接寄生,常用的方法有汰除、晒种、浸种、包衣、拌种、嫁接等。

可以通过控制苗期水肥和光照供应、维持合适的温湿度、防治病虫等措施,在苗期创造适宜的环境条件,使幼苗根系发达、植株健壮,增强作物幼苗抵抗不良环境的能力,为农作物抗病虫害、丰产打下良好的基础。

4.改善水肥管理

种植户在对农作物施肥时,应该根据不同农作物的生长需求以及土壤的实际情况进行针对性施肥,科学配合施用有机肥和无机肥,适量施

用氮、磷、钾肥。例如在种植小麦时,一定要给小麦提供充足的基肥,可施有机肥2 500~3 000千克/亩(1亩≈667平方米)、碳铵50千克/亩、过磷酸钙50千克/亩,再根据生长情况施加适量钾肥。另外,在农作物的不同成长阶段进行合理的灌溉,使农作物在生长过程中能够吸收足够的水分,进而促进农作物的健康生长,提高其抵御病虫害的能力。

5.做好田间管理

做好田间管理,营造良好的作物生长环境不仅能增强植株的抗病虫、抗逆境的能力,还可以恶化病虫害的生存条件、直接杀灭部分菌源及虫体、降低病虫发生基数、减少病虫传播渠道,从而减轻甚至避免病虫为害。田间管理主要包括适期播种、合理密植、中耕除草、适当浇水、秋翻冬灌、清洁田园、人工捕杀、耕沤灭蛹、田埂留草等措施。

▶ 第三节　理化诱控技术

一　理化诱控的概念

理化诱控是指利用害虫的趋光、趋色、趋化、食性等生物学习性,通过诱虫灯、色板、性诱剂等产品控制害虫种群数量的防治技术。

二　理化诱控的具体做法

1.灯光诱控技术

灯光诱控技术利用害虫的趋光性,通过使用不同光波的灯光以及相应的诱捕装置,从而控制害虫种群数量。对于蛾类害虫和地下害虫,可选择在农作物种植区域设置杀虫灯,利用夜间飞蛾类害虫的趋光性捕杀害虫。多数害虫的视觉神经对波长330~400纳米的紫外线敏感度较高,如稻叶蝉、棉铃虫、金龟子、稻飞虱等。频振式诱虫灯是常见的灯光诱杀设备,例如在每年5—9月采用频振式诱虫灯诱杀害虫,以每3.33公顷安装1盏高度为1.5米的频振式诱虫灯,于晚间8点至12点开灯诱杀为宜,晚间6点至8点则不能开灯。此外,高压汞灯也是诱杀害虫的重要设备,其效果更佳、诱虫量更大,得到广泛应用。诱集器则以口径大的铁锅容器为主,在容器中加水和化学农药,在灯源附近设置玻璃挡板。灯光诱控技术具有应用范围广、杀虫谱广、杀虫效果明显、防治成本低等优点,但也存在对靶标害虫不精准的缺点。

2.色板诱控技术

色板诱控技术利用害虫对颜色的趋向性,通过在板上涂抹粘虫胶诱杀害虫。目前常用的色板有黄色诱虫板、黑色诱虫板、蓝色诱虫板、黄绿蓝系列色板以及利用性信息素的组合板等。色板应放置于比农作物高10厘米的位置。不同种类的害虫对颜色的趋向性不同,如蓟马对蓝色有趋向性,蚜虫对黄色、橙色有强烈的趋向性。因此,应针对不同的害虫选择适宜的色板进行诱杀。色板诱控技术的特点是对较小的害虫有较好的控制作用,但对有益昆虫有一定的杀伤力,仅在害虫发生初期防治效果较好。

3.信息素诱控技术

信息素诱控技术利用昆虫的性信息素、报警信息素、空间分布信息素、产卵信息素、取食信息素等对害虫进行引诱、趋避、迷向,从而控制害虫为害。信息素产品应放置于比作物高10厘米的位置,一般每亩地放1个。其中性信息素诱捕法在农业生产实践中已被广泛使用。例如,我们可以使用性信息素捕杀草地贪夜蛾,并且可以通过性信息素诱捕来监测草地贪夜蛾的种群动态。国外学者在1967年首次确定顺-9-十四碳烯乙酸酯为草地贪夜蛾的性信息素。性信息素诱捕法不同于灯光诱捕法和色板诱捕法,其具有高度的专一性,仅对有害的靶标生物起作用。但性诱剂也存在只引诱雄虫的缺点,一般仅对害虫越冬代和第一代有用,若掌握不好时机则会错过成虫发生期,最后也得不到理想的防治效果。

4.食物诱控技术

食物诱控技术是通过提取多种植物中的单糖、多糖、植物酸和特定蛋白质等,合成具有吸引和促进害虫取食的物质,以吸引害虫取食的方法来捕杀害虫。据调查,在玉米地使用棉铃虫生物食诱剂后,可成功诱杀玉米螟、黏虫、棉铃虫等,经过食控技术处理的田块,其年均残存幼虫数量较常规防治区减少60%以上。食物诱控技术的特点是能同时诱杀害虫的雌、雄成虫,对靶标害虫的吸引和杀灭效果好,对天敌益虫的毒副作用小,不易产生抗药性,无农药残留,对绝大部分鳞翅目害虫均有理想的

防治效果。

▶ 第四节　驱害避害技术

一　驱害避害的概念

驱害避害是指利用物理隔离、颜色或气味负趋性等原理,通过设置防虫网、利用银灰色地膜、种植驱避植物等措施以降低作物上虫口密度的防治技术。驱害避害技术的特点是防治效果好、无污染,但成本较高。

二　驱害避害的具体做法

1.设置防虫网

防虫网的作用主要为物理隔离,通过一种新型农用覆盖材料把作物遮罩起来,将病虫拒于栽培网室之外,以控制害虫为害。防虫网除具有防虫防病,保护天敌昆虫,可大幅度减少农药使用的优点外,还能遮光、调节温湿度、防霜冻以及抗强风暴雨,是一种简便、科学、有效的预防病虫害的措施。例如,用防虫网全程覆盖水稻,对水稻灰飞虱的防效可超过95%,其防治效果要明显好于化学农药防治。

2.利用银灰色地膜

银灰色地膜是在基础树脂中添加银灰色母粒料吹制而成,或采用喷涂工艺在地膜表面复合一层铝箔,使之成为银灰色或带有银灰色条带的地膜。由于蚜虫对银灰色有忌避性,利用银灰色地膜的反光作用,人为地改变了蚜虫喜好的叶子背面的生存环境,控制了蚜虫的发生。同时,银灰色地膜可以提高作物中下部的光合作用,对果实着色和提高含糖量有帮助。

3.利用昆虫的生物趋避性

在需保护的农作物田内、外种植驱避植物,其次生性代谢产物对害虫有驱避作用,可减少害虫的发生量。常用的驱避植物有除虫菊、烟草、薄荷等。

▶ 第五节　生物防治技术

一 生物防治的概念

生物防治是指利用有益生物及其代谢产物控制有害生物种群数量的防治技术,根据生物之间的相互关系,人为增加有益生物的种群数量,从而达到控制有害生物的效果。生物防治有自然资源丰富、对生态环境安全、农作物有害生物不会产生抗药性等优点,但其存在防治效果缓慢、成本较高和对应用技术要求高等问题。

二 生物防治的具体做法

根据生物间作用方式,可以通过释放捕食性天敌、寄生性天敌,保护自然天敌,人工繁育、引进天敌,以菌治菌、以菌治虫等方式进行生物防治。

1.释放捕食性天敌

捕食性天敌昆虫主要以幼虫或成虫主动捕食大量害虫,从而达到消灭害虫、控制害虫种群数量、减轻害虫为害的防治效果。常用于生物防治的捕食性天敌昆虫有瓢虫、食蚜蝇、食虫蝽、步甲、捕食蚜等,主要应用于水稻、小麦、玉米、蔬菜等作物。例如,水稻拔节期至蜡熟期可以充分利用黑肩绿盲蝽、蜘蛛等捕食性天敌对白背飞虱的控制作用。

2.释放寄生性天敌

寄生性天敌昆虫多以幼虫寄生于寄主,随着天敌幼虫的发育,寄主会缓慢地死亡。常用于生物防治的寄生性天敌昆虫有姬蜂、蚜茧蜂、平腹小蜂等,主要用于小麦、玉米、水稻等作物。例如,在小麦病虫害防治中,可充分利用蚜茧蜂、龟纹瓢虫等天敌来杀灭麦长管蚜等主要害虫。

3.保护自然天敌

天敌对农作物有害生物为害起到重要的控制作用,保护好天敌是开展农作物病虫害绿色防控的重要基础。保护天敌工作可以从以下两方面开展:一是通过挖坑、堆草、合理间作等方式为天敌提供良好的生存和

繁殖条件,二是采用选择性诱杀害虫、局部施药和保护性施药等对天敌种群影响最小的防控技术控制作物有害生物。

4.人工繁育、引进天敌

对于一些常发性害虫,单靠天敌本身的自然繁殖很难控制其危害,应采取人工繁殖的方式补充作物种植环境中的天敌数量。例如,对瓢虫、赤眼蜂、草蛉等进行人工培养、繁育,到害虫发生期将其放入农田环境中发挥作用。引进天敌是一种传统的害虫生物防治技术,指从国外引进本地没有的或形成不了种群的优良天敌品种,使其在本地定居、繁殖。例如,中国农业科学院原生物防治研究所为控制20世纪90年代初传入我国为害的美洲斑潜蝇,于1996年从荷兰引进了斑潜蝇的优良天敌豌豆潜蝇姬小蜂,该蜂寄主包括5属18种斑潜蝇及桃潜蛾,是目前世界各国防治斑潜蝇类害虫的首选天敌。

5.以菌治菌、以菌治虫

利用微生物防治农作物病虫害也是常用的生物防治技术。例如,利用白僵菌防治玉米螟、利用苏云金芽孢杆菌防治鳞翅目害虫、利用绿僵菌防治草原蝗虫、利用放线菌代谢产物防治植物病害等。

▶ 第六节　科学用药技术

一 科学用药的概念

科学用药是指尽可能选择高效、低毒、低残留的农药防治病虫害,以最大限度减少农药污染的技术措施,其对突发性病虫害防治具有显著优势。在施药时,要注意多种农药交替使用,防止或减缓有害生物产生抗药性。

二 科学用药的具体做法

科学用药技术主要包括生物农药防治和化学农药防治。

1.生物农药防治

生物农药是指利用生物活体或其代谢产物对农作物有害生物进行

杀灭或控制的一类非化学合成的农药制剂,以及通过仿生合成的具有特异作用的农药制剂。在我国农业生产实际应用中,生物农药主要指可以进行工业化生产的植物源农药、微生物源农药、生物化学农药等。生物农药防治是指利用生物农药对有害生物的发生和为害进行防控的方法,具有可降解、低残留、无污染的优点,但存在施用技术难度高、药效不稳定、生产成本高等缺点。通常在病虫害发生早期,及时、正确地施用生物农药才可以取得较好的防治效果。

(1)植物源农药

植物源农药是指从一些特定的植物中提取的具有杀虫、灭菌活性的成分或植物本身按活性结构合成的化合物及衍生物,经过一定的工艺制成的农药。植物源农药具有低毒、低残留等优点,但存在不易合成或合成成本高等缺点。常用的植物源农药主要有大蒜素、乙蒜素、印楝素、鱼藤酮和除虫菊酯等。

(2)微生物源农药

微生物源农药是指利用微生物或其代谢产物来防治农作物有害生物并促进作物生长的一类农药。微生物源农药具有选择性强、对环境安全、农作物有害生物不易产生抗性等优点,但存在农药剂型单一、生产工艺落后、产品的理化指标和有效成分含量不稳定等问题。常用的微生物农药有白僵菌、绿僵菌、核型多角体病毒、苏云金杆菌、蜡质芽孢杆菌、枯草芽孢杆菌、淡紫拟青霉、多黏类芽孢杆菌和木霉菌等。

(3)生物化学农药

生物化学农药是指通过调节或干扰害虫或植物的行为,达到控制病虫害目的的一类农药。其主要特点是用量少、活性高、对环境友好。常用的生物化学农药有油菜素内酯、赤霉酸、吲哚乙酸、乙烯利、诱抗素、三十烷醇、灭幼脲、杀铃脲、虫酰肼和腐殖酸等。

2.化学农药防治

化学农药防治是指利用化学药剂防治有害生物的防治技术,主要通过开发适宜的农药品种,将其加工成合适的剂型,对作物植株、种子和土壤等进行处理,直接杀死有害生物或阻止其侵染为害。根据农药剂型的不同,使用方法也不同,常用方法有喷雾、喷粉、撒施、灌根、包衣、浸种、毒土、毒饵和熏蒸等。化学农药防治是当前国内外广泛应用的病虫害防

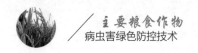
治技术,也是实施绿色防控必不可少的技术措施。在绿色防控中,利用化学农药防控有害生物,既要充分发挥其在农业生产中的保护作用,又要尽量减少副作用。虽然化学农药对环境影响难以避免,但我们可以通过科学用药加以控制,将农药残留的影响降到环境允许的最低限度。

(1)对症施药

在使用农药时,要先了解农药的性能和防治对象的特点。农作物有害生物种类繁多,不同病虫害的发生时期、为害部位、防治指标、使用药剂、防控技术等存在差异。此外,农药的品种也有很多,其防治对象、使用范围、施用剂量、使用方法等也不相同。即使同一种药剂,由于制剂类型、规格不同,其使用方法、施用剂量也不一样。因此,应针对防治对象的特点,选用最合适、最有效、对天敌杀伤力最小的农药品种和使用方法。

(2)适期用药

施用化学农药过早或过迟都可能造成农作物病虫害防治效果不理想。在进行化学防治时,要根据田间调查结果,在病虫害达到防治指标后再进行施药防治,未达到防治指标的田块暂不必进行防治。在施药时,要考虑田间天敌状况,尽可能避开天敌对农药的敏感时期,选择保护性的施药方式。

(3)适量用药

提高化学农药的防治效果不是药剂的使用量越多越好,也不是药剂的浓度越大越好。随意增加农药的用量、浓度和使用次数,不仅会增加用药成本,加重农产品和环境的污染,还会造成农作物有害生物的抗药性。因此,在进行化学防治时要根据病虫害发生规律选择合适的施药时间,根据药剂残效期和气候条件确定喷药次数,根据病虫害发生规律、为害部位、产品说明选择施药方法。此外,废弃的农药包装必须统一集中处理,切忌乱扔于田间地头,以免造成环境污染与人畜中毒。

(4)交替轮换用药

长期施用一种或相同类型的农药防治某种病虫害,易使农作物有害生物产生抗(耐)药性,影响防治效果。在防治时,要注意交替轮换使用几种不同作用机制、不同类型的农药以防止农作物有害生物对药剂产生抗(耐)性。

（5）按安全间隔期用药

农药使用安全间隔期是指最后一次施药至放牧、采收、使用、消耗作物前的时期，自施药后到农药残留量降到最大允许残留量所需间隔时间。因农药特性、降解速度不同，不同农药或同一种农药施用在不同作物上的安全间隔期也有所不同。绿色防控的主要目标就是要避免农药残留超标，保障农产品质量安全。在使用农药时，一定要看清农药标签上的使用安全间隔期和每季最多用药次数，不得随意增加施药次数和施药量，在农药使用安全间隔期过后再采收，以防止农产品中农药残留超标。

（6）合理混用

农药的合理混用可以提高防治效果、延缓农作物有害生物产生抗药性、减少用药量和施药次数，从而降低生产成本。农药混用有一定的原则：要选用不同毒杀机制、不同作用方式、不同类型的农药混用，选择作用于不同虫态、不同防控对象的农药混用，将具有不同时效性的农药混用，将农药与增效剂、叶面肥混用等。混用的农药种类原则上不宜超过3种，并且要注意酸碱性不同的农药不能混用、具有交互抗性的农药不能混用、生物农药与杀菌剂不能混用。农药混用必须确保药剂混合后，有效成分间不发生化学反应，不改变药剂的物理性状，不能出现浮油、絮结、沉淀、变色、发热、气泡等现象，不能增加对人畜的毒性和对作物的伤害。

▶ 第七节　精准施药技术

一　精准施药的概念

随着现代农业的发展，精准施药技术及相关植保装备得到快速发展及广泛应用。精准施药以显著提高农药利用率、减轻环境污染为优势，技术核心在于获取农田小区域病虫害信息，并根据其差异性采取变量施药技术，实现按需施药。

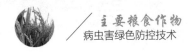
二 精准施药技术装备

1.大田变量喷杆喷雾机

大田喷杆喷雾机是大田管理作业中最为常见的施药机械,主要用于种植在大田中的小麦、大豆及甜菜等主粮作物或经济作物上,可有针对性地喷施杀虫剂、杀菌剂、除草剂及植物生长调节剂等。然而,这种连续、均匀的传统施药方式,未考虑机体参数、作物参数及喷雾参数的差异,极易造成农药浪费、农作物农药残留严重等问题。由于大田作业的复杂性和大田作物的特殊性,大田喷杆喷雾机很难做到精准施药。为实现大田喷杆喷雾机精准施药并减少作业过程中农药雾滴飘移现象,国内科研机构和企业开展了联合攻关,研发了多款大田变量喷杆喷雾机,如黑龙江省萝北县农机局和泰州樱田农机制造有限公司联合开发的3WP-650型自走式喷杆喷雾机,具有GPS路线规划辅助系统、四轮驱动系统、组合式可调喷头,可前后独立转向,是防治玉米等高秆作物病虫害的理想机具。

2.植保无人机

植保无人机施药作业(图2-1)作为国内新型植保作业方式,与传统的人工施药和地面机械施药方法相比,具有作业效率高、成本低、农药利用率高的特点,可有效解决高秆作物、水田作物和丘陵山地作物病虫害

图2-1 植保无人机在不同场景下作业

防治难等问题,是应对大面积突发性病虫害,缓解由于城镇化发展带来的农村劳动力不足,减少农药对操作人员伤害的有效方式。与有人驾驶固定翼飞机和直升机相比,植保无人机具有机动灵活、不需专用的起降机场的优势,特别适合在田块小、田块分散和民居稠密的区域应用。植保无人机采用低空、低量喷施方式,其旋翼产生的下压风场有助于增加雾滴对农作物的穿透性。因此,利用植保无人机进行航空施药已成为减少农药用量和提升农药防效的新型有力措施。

▶ 第八节　专业化统防统治

一　专业化统防统治的概念

农作物病虫害专业化统防统治是指具备一定的植保专业技术条件的服务组织,采用先进、实用的设备和技术,为农民提供契约性的防治服务,开展社会化、规模化的农作物病虫害防控行动。

农作物病虫害专业化统防统治是整体解决农作物病虫害的有效技术措施,可以达到全面防控、精准防控、农药减量防控、绿色防控的目的。对农业生产造成严重威胁的重大病虫害,往往具有迁飞性、流行性和暴发性,若不大规模、有组织地应用技术、人力、物资等资源防控,难以实现病虫害的有效防控。专业化统防统治是解决这一问题的重要方法,其在推进农业现代化建设、助力乡村振兴中具有重要作用。

二　专业化统防统治的服务模式

1.政府购买防控服务模式

政府安排资金,农业农村部门与专业化防治服务组织、农户签订合同,专业化防治服务组织提供作业,农户直接受益。

2.农机农艺全程社会化服务模式

农业农村部门整合项目资金,与企业、农户签订合同,农作物从播种到收获,全程由企业完成。

3.农户购买防控服务模式

同一或邻近种植区域,农户自发筹集资金,聘请专业化防治服务组织提供作业。

三 专业化统防统治的服务方式

1.代防代治

专业化防治组织代服务对象施药防治病虫害,收取施药服务费。农药由服务对象自行购买或由专业化防治组织统一提供。该方式的优点是简单易行、不易产生纠纷,但仅能解决劳动力缺乏的问题,无法确保防治效果,也不便于植保技术部门开展培训、指导和管理。

2.阶段或全程承包防治

专业化防治组织与服务对象签订服务合同,阶段或全程承包其病虫害防治任务。阶段承包防治即承包部分或一定时段内的农作物病虫害防治任务,全程承包防治即承包农作物生产季节所有病虫害的防治任务。该类服务方式是专业化防治组织在县植保部门的指导下,根据病虫害发生情况来确定防治对象、用药品种、用药时间,并统一购药、统一配药、统一时间集中施药,防治结束后由县植保部门监督进行防效评估。承包防治有利于植保技术部门集中开展培训、指导和管理,从而促进新技术的推广与应用。

四 推进专业化统防统治与绿色防控融合发展

专业化统防统治与绿色防控是推进农业绿色发展的重要举措。近年来,我国多地积极落实"藏粮于地、藏粮于技"战略,扎实推进主要粮食作物统防统治与绿色防控工作,持续加强田间病虫害监测及防治力度,从政策、资金和技术等多方面给予保障,促进粮食增产、农民增收、农业增效。

据报道,安徽省界首市在近几年扶持发展一批装备精良、技术先进、管理规范的专业化防治组织,发挥其防病治虫的主力军作用,推广新型高效植保机械和精准施药技术的应用,推进专业化统防统治与绿色防控深度融合。界首市地处皖西北边陲,耕地面积60.8万亩,常年种植小麦48万亩左右、种植玉米40万亩左右。2022年小麦、玉米重大病虫害统防统治作业 121.5 万亩次,统防统治覆盖率为 88.75%,绿色防控覆盖率为 55.1%。经专家组现场实收验收,2022 年全市小麦、玉米实施"一喷三防"项目示范区的小麦平均单产 575.6 千克,玉米平均单产 575.2 千克,均比自防区每亩产量增加 8% 以上,病虫害为害损失率控制在 3% 以内,示范区减少 2~3 次用药,化学农药使用量减少 31.6%,每亩降低用药和用工成本 80 元以上。该市专业化统防统治的具体操作程序是先由农户签字确认农药数量和防治面积,然后在作业过程中,村民代表全程跟踪监督,并要求专业化防治组织严格按照施药规程作业,作业结束后由村民代表签字,镇村两级验收并张榜公示,申请市级资金拨付,市级抽查核实,核查合格后再拨付资金到村集体账户,由村集体统一结算。

截至 2023 年,安徽省共有病虫害专业化防治服务组织 5 376 个,从业人员 12.7 万人,拥有植保机械 15.8 万台,日作业能力达到 1 300 万亩,用于统防统治的植保无人机超过 1.8 万架。

第三章 水稻主要病虫害识别与绿色防控技术

▶ **第一节　水稻主要病害识别与绿色防控技术**

一　水稻稻瘟病

1. 症状识别

水稻稻瘟病是由真菌引起的病害,主要为害水稻叶片、茎秆、穗部,整个生育阶段皆可发生。根据水稻发病部位不同可分为以下几种类型:

(1)苗瘟

苗瘟一般在水稻三叶期以前发生,病原菌侵染幼苗基部,出现灰黑色水渍状病斑,使幼苗卷缩枯死。

(2)叶瘟

叶瘟(图3-1)一般发生在三叶期以后的秧苗和成株叶片上,主要有慢性型、急性型、白点型和褐点型4种类型,其中以前两种最为常见。典型的慢性型病斑呈纺锤形或菱形,红褐色至灰白色,沿叶脉向两端延伸有褐色坏死线,在气候潮湿时,病斑背面产生灰绿色霉层。

图3-1　叶瘟的田间为害状

（3）穗瘟

穗瘟发生在穗颈、穗轴及枝梗上。发病早时形成穗颈瘟，发病部位成段变褐坏死，穗颈、穗轴易折断，导致小穗不实或秕谷，重者形成全白穗，与螟虫为害症状相似（图3-2）。发病迟时形成枝梗瘟、谷粒瘟。此外，发生在水稻茎节上的稻瘟病称为节瘟，发生在叶枕上的称为叶枕瘟。

图3-2　穗颈瘟的田间为害状

2.发病规律

病菌主要在病谷、病稻草上越冬，翌年春天，通过气流或移栽等途径传播。病菌侵染秧苗造成苗瘟，侵染大田造成叶瘟和穗瘟。只要条件适宜，病菌可以进行多次再侵染，以致病害迅速流行。稻瘟病的发生与水稻品种、气候条件和肥水管理关系密切。苗期（四叶期）、分蘖盛期、抽穗初期为易感期。气温在20～30℃、相对湿度超过90%时，有利于稻瘟病发生。抽穗破口期的天气条件对穗颈瘟发生程度影响极大，偏施或迟施氮肥均有利于稻瘟病的发生与流行。

3.绿色防控技术

在对水稻稻瘟病进行绿色防控时，要按照"预防为主、综合防治"的植物保护方针，突出稻瘟病防控的重点区域，采取"加强稻瘟病预警监测，以选用抗病品种为主，科学合理用药"的办法，以种植抗病良种为主体，搞好栽培管理为基础，及时挑治苗瘟、叶瘟发病中心，狠治流行区穗颈瘟，着重抓好破口期、齐穗期等关键时期的施药防治。

（1）生态调控

①选用抗病品种。因地制宜选用适合本地种植的抗病、高产水稻品

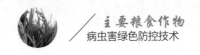
种,并注意合理搭配与适时更替品种种植,不要大面积连年种植单一品种。

②种子消毒,减少菌源。由于稻瘟病的初侵染源是带病稻草和带病种子,因此,播种无病稻种、在秧田期以前彻底清除病稻草,可以有效预防稻瘟病初侵染和病害流行。也可采用温汤浸种、石灰水浸种等方式进行种子消毒。

③加强肥水管理。施足基肥,多施有机肥,氮、磷、钾肥合理搭配,有条件的地方可施硅肥和微肥。

(2)科学用药

①种子处理。种植前可选用三环唑、咪鲜胺或强氯精等药剂浸种,浸后催芽、播种。

②药剂喷施。选择具有保护及治疗作用较强的新型药剂进行预防和治疗,同时要注意药剂混用及合理轮换使用。在防治时间上,做到破口期防治1次,齐穗期防治1次,坚持"控苗瘟、巧治叶瘟,狠抓穗期化学防治"策略。另外,绿色防控优先使用生物农药,如春雷霉素、枯草芽孢杆菌、蜡质芽孢杆菌等。

带药移栽:在稻瘟病的老病区和感病品种种植区,于移栽前3~5天,每亩用三环唑对秧苗喷雾作"送嫁药",可有效控制叶瘟。

苗瘟、叶瘟防治:发现发病中心或急性病斑时,要立即施药防治,控制发病中心,防止病害扩散或暴发流行。可以用三环唑、肟菌·戊唑醇、稻瘟灵、邦克瘟(多菌灵·井冈霉素·三环唑)对水均匀喷雾。以上药剂交替使用,重病田须5~7天后再防治1次。对前期苗瘟、叶瘟发病田的防治,常用药剂有三环唑、稻瘟灵等药剂。

穗瘟防治:穗瘟对水稻产量影响较大,预防穗瘟要着重在抽穗期对水稻进行保护,破口期和齐穗期是防治关键时期。一般在水稻破口期施第一次药,齐穗期施第二次药。

二 水稻纹枯病

1.症状识别

水稻纹枯病(图3-3)是由真菌引起的病害,该病的典型症状是在水稻叶鞘和叶片上形成"云纹状"病斑,后期病部产生白色蜘蛛网状菌丝和褐色菌核。高温条件下病斑上会产生一层白色粉霉层。

图3-3　水稻纹枯病的田间为害状

2.发病规律

水稻纹枯病在水稻全生育期均可发生,一般在分蘖盛期开始发生,拔节期病情加速发展,孕穗期前后是发病高峰,乳熟期病情下降。病菌主要以菌核在土壤里越冬,也能以菌丝体和菌核在稻草和其他寄主残体上越冬。春季,漂浮在水面的菌核萌发形成菌丝,侵入叶鞘形成病斑,从病斑上再长出菌丝向叶鞘附近和上部蔓延,再侵入形成新病斑,水稻一生中可进行多次再侵染。落入水中的菌核,可借水流传播。

该病属高温高湿型病害。在一定条件下,湿度越大,发病越重。气温在18～34℃均可发病,以22～28℃最适。因此,夏秋气温偏高,雨水偏多,有利于病害发生。田间菌源量与发病初期病害轻重有密切关系,田间越冬菌源量大时,易导致初期发病较多。水稻栽插密度过大,稻田偏施、迟施氮肥,连续灌深水,连年重茬种植有利于病害发生。就水稻品种而言,粳稻品种一般易感病,籼型杂交稻比较耐病。

3.绿色防控技术

(1)生态调控

①加强栽培管理。种植密度合理,插足基本苗,增加植株间的通透性,降低田间相对湿度,提高稻株抗病能力,从而达到有效减轻病害发生及防止植株倒伏的目的。

②科学肥水管理。施足基肥,早施追肥,不可偏施氮肥,增施磷、钾肥,采用配方施肥技术,使水稻前期不披叶,中期不徒长,后期不贪青。分蘖期适时烤田,达到田间裂开、田边发白、人踩不陷的状态。掌握"前浅、中晒、后湿润"的原则。

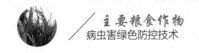

③稻田养鸭。秧苗移栽成活后,每亩可放养12只左右个体较小的麻鸭雏鸭。麻鸭在秧田活动时,不仅能吃虫控草,还能壮苗、增加田间通风透光和踩踏枯黄老叶等,对水稻纹枯病有很好的预防效果。

（2）科学用药

对一般丛发病率达15%的田块进行防治,发病严重时,5～7天后再用药1次。常用的防治药剂包括噻呋酰胺、戊唑醇、嘧菌酯、苯醚甲环唑·丙环唑、三唑酮等,将其对水均匀喷雾。施药时应适当加大用药量,并加足水量,将药液喷施到稻株基部。

三 水稻稻曲病

1. 症状识别

水稻稻曲病(图3-4)是由真菌引起的病害,主要为害谷粒。初见颖谷合缝处露出淡黄绿色块状物,然后逐渐膨大,最后包裹全颖,形成比正常谷粒大3～4倍的菌球。

图3-4　稻曲病的田间为害状（左为"孢子雾"）

2. 发病规律

病原菌以厚垣孢子或菌核在土壤中或病粒上越冬,翌年夏秋之间,产生的分生孢子可借气流传播,侵害花器和幼颖。该病是一种典型的气候性病害,水稻抽穗前后,适温、多雨天气会诱发并加重病害发生。偏施氮肥、长期深灌也会加重发病。水稻不同品种间的抗病性存在明显差异,一般情况下,粳稻比籼稻易感病,杂交稻比常规稻易感病,两系杂交组合发病重于三系杂交组合,生育期长的品种发病重于生育期短的品种,晚熟、秆矮、穗大、叶片较宽而角度小、耐肥、抗倒伏、适宜密植、颖壳表面粗糙无茸毛、着粒密度大的品种发病较重。

3.绿色防控技术

（1）生态调控

①选用抗病品种。

②加强栽培管理。种植密度合理,保持足够的通风透光度。合理施肥,施足基肥,增施农家肥,防止迟施、偏施氮肥,配施磷、钾肥,慎用穗肥,适量施用硅肥、微肥。

③稻种消毒。根据稻曲病毒素容易附着在稻种表面的特性,在稻谷播种前,一定要对稻种进行高温或太阳紫外线杀菌等处理,然后进行催芽、播种。

（2）科学用药

①适期喷药。对该病的防治务必要做到提前预防,施药的关键时期是水稻倒二叶和剑叶叶枕平齐的时期（破口前5~7天）,齐穗期后防效较差。若抽穗期遇阴雨天气,在水稻破口中期（破口50%左右）再施药1次,主要施用苯醚甲环唑·丙环唑、嘧菌酯、肟菌·戊唑醇、氟环唑等药剂,对水均匀喷雾。也可结合穗颈瘟防治混合用药。

②使用生物农药。常用的生物农药包括井冈·蜡芽菌、井冈·枯草芽孢杆菌、蜡质芽孢杆菌、枯草芽孢杆菌、井冈霉素等。

③种子处理。可以使用多菌灵对种子进行药剂处理,然后催芽、播种。

四 水稻恶苗病

1.症状识别

水稻恶苗病(图3-5)是由真菌引起的病害,主要以种子带菌,该病从秧苗期至抽穗期均可发生,一般分蘖期发生最多。苗期发病的主要症状是病苗比健苗纤细、瘦弱、叶鞘细长,比健苗高1/3左右,叶色淡黄、叶片较窄,根系发育不良,即典型的徒长型。部分病苗在移栽前死亡,在枯死苗上有淡红色或白色粉状物,即病原菌的分生孢子。

田间症状有徒长型、普通型和早穗型三种类型,以徒长型最为常见。徒长型的典型症状为节间明显伸长,高于正常植株约1/3,节部常有弯曲露于叶鞘外,下部茎节倒生（向上）多数不定须根,分蘖少或不分蘖。剥开叶鞘,茎秆上有暗褐色条斑,剖开病茎可见白色蛛丝状菌丝,随

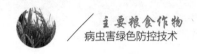
后植株逐渐枯死。湿度大时,枯死病株表面长满淡褐色或白色粉霉状物,后期生黑色小点,即病菌子囊壳。稻株发病轻时提早抽穗,但穗小、粒少、籽粒不实。抽穗期谷粒也可受害,严重的变褐色,不能结实,颖壳夹缝处生淡红色霉,感病轻的植株仅谷粒基部或尖端变为褐色,或不表现症状,但谷粒内部有菌丝潜伏。

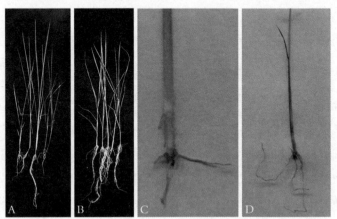

A.根部发育不良 B.正常水稻 C.倒生根 D.茎秆暗褐色条斑

图3-5 水稻恶苗病的田间为害状

2.发病规律

以带菌种子传播为主,病菌主要以分生孢子附着在种子表面或以菌丝体潜伏于种子内部越冬,在秧田、本田可以进行再侵染。水稻孕穗期至抽穗期的天气条件与病害发生关系密切,雨水多、湿度大,则发病重。偏施氮肥、施用未腐熟有机肥田块发病重。旱育秧较水育秧发病重。

3.绿色防控技术

(1)生态调控

①选用抗病良种。选用抗病、高产和优质的品种。

②加强栽培管理。科学育秧,合理施肥,加强肥水管理;及时拔除病株,清除病残体。

(2)科学用药

进行浸种等种子处理是预防该病的关键措施。稻种在消毒处理前,须在晴天晒种1～3天,可以提高种子发芽率和发芽整齐度。晒种后再选种,然后浸种,早、晚稻和杂交水稻因品种不同和选用药剂不同,浸种时要严格按照规定的剂量浓度和浸种时间操作。可用氰烯菌酯、咪鲜胺等药剂浸种。杂交稻种子浸种24小时,常规稻种子浸种48小时,再用清水浸泡。

五 水稻穗腐病

1.症状识别

水稻穗腐病(图3-6)是由多种真菌引起的病害,主要在抽穗以后发生。小穗受害后出现褐色水渍状病斑,使病穗枯黄、籽粒干瘪、霉烂,患病稻谷的谷壳上有紫色或褐色大小不一的点,米粒发黑。穗腐病与穗枯病(细菌性病害,是入境检疫对象)这两种病害有时难以区分,判别穗腐病时一定要剥开谷壳,观察米粒上是否有褐色线,有褐色线的是穗枯病,没有的则是穗腐病。

图3-6 水稻穗腐病的田间为害状

2.发病规律

水稻穗腐病病原菌以镰刀菌、链格孢菌等为主要侵染源,病原菌的侵染时期一般为水稻破口期至抽穗期的7～10天,症状表现一般在齐穗后4～5天。病菌以菌丝体在病残体(如稻桩)或种子内越冬或越夏。抽穗扬花期的温度较高(27～30℃)时,有利于穗腐病的发生。该病的发生与气象条件、水稻品种、耕作栽培制度和肥水管理的关系十分密切。高温和潮湿天气有利于本病发生,水稻抽穗前后一周是穗腐病的最适发病时期,一般粳稻、籼粳杂交稻比籼稻、籼型杂交稻易感病,大穗、紧穗型品种(组合)比穗型松散的品种易感病,扬花灌浆期长的水稻比扬花灌浆期短的水稻易感病。

3.绿色防控技术

(1)生态调控

①选用抗(耐)病品种和种子消毒。选种应尽量选无病田的种子,然后进行消毒处理,方法同"稻瘟病"。

②科学水肥管理。避免偏施、过施、迟施氮肥,增施磷、钾肥。"寸水活棵、中期浅水勤灌、后期干湿交替"是减轻病害发生的有效措施。

(2)科学用药

结合水稻穗颈瘟防治,抓好抽穗期前后喷药预防。在历年发病的地区或田块,须在孕穗后期用药进行第一次防治,视天气情况于抽穗—乳熟期再防治一次,注意在阴雨间隙进行防治。可选用多菌灵、甲基托布津、咪鲜胺、代森锰锌、三唑酮和春雷霉素等药剂。复配剂中,可选用三唑酮+苯甲·丙环唑(爱苗)、戊唑醇+丙森锌(安泰生)、三环唑+三唑酮、三环唑+多菌灵、三环唑+苯甲·丙环唑(爱苗)和三环唑+甲基托布津等,可根据水稻穗腐病发病轻重选择使用。

六 水稻细菌性条斑病

1.症状识别

水稻细菌性条斑病(图3-7)是由细菌引起的病害,受侵染叶片上初呈暗褐色水渍状透明的小斑点,后沿叶脉扩展形成暗绿色至黄褐色细条斑,其上生有许多露珠状蜜黄色菌脓。病斑可以在叶片的任何部位发生,严重时,许多条斑还可以连接或合并起来,成为大块枯死斑块,外形与白叶枯病有些相似,但仔细观察,仍可看到典型的条斑症状。即使在干燥的情况下,病斑上还可以看到较多蜜黄色菌脓。菌脓色深量多,不易脱落。病斑边缘不呈波纹状弯曲,对光检视,仍有许多透明的小条斑,病斑可在全生育期任何部位发生。

图3-7 水稻细菌性条斑病的田间为害状

2.发病规律

水稻细菌性条斑病初侵染源主要来自带菌稻谷和稻草,土壤不传染。播种病谷,病菌就会侵害幼芽根部和芽鞘,并随病秧带入本田为害。病菌主要通过气孔侵入,也可由伤口或机动细胞侵入。再侵染主要通过病斑上的菌脓借风雨、露水和叶片接触发生。病害的发生与水稻品种、气象条件、施肥方式、灌溉方式等有关。在25～35℃范围内,温度越高,病害潜育期越短。病害发生对湿度要求不严格,在相对湿度60%～100%范围内,温度起主导作用,最有利于病害流行的温度为30～35℃。

3.绿色防控技术

(1)植物检疫

水稻细菌性条斑病是我国国内植物检疫对象,禁止调运带菌种子,以防病菌远距离传播。

(2)生态调控

①加强田间管理。应用"浅、薄、湿、晒"的科学排灌技术,避免深水灌溉、串灌、漫灌,防止涝害。台风、洪水过后,应立即排水,可撒施石灰、草木灰,抑制病害的流行。

②科学施肥。适当增施磷、钾肥,以提高植株抗病性,防止过量、过迟施用氮肥。

(3)科学用药

发现中心病株后,及时喷洒四霉素、噻唑锌和三氯异氰脲酸进行防治。在暴雨来临前后,对老病区或感病品种种植区,特别是洪涝淹水的田块,全面喷药1次。用药次数根据病情发展情况和气候条件决定,一般间隔7～10天喷1次。

(七) 水稻干尖线虫病

1.症状识别

水稻干尖线虫病(图3-8)在水稻整个生育期均可发生,主要为害叶片。该病苗期症状不明显,偶在4～5片真叶时叶尖出现灰白色干枯,扭曲干尖。病株孕穗后干尖更严重,剑叶或其下2～3叶尖端1～8厘米渐枯黄,半透明,扭曲干尖,变为灰白色或淡褐色,病健部界限明显。

图3-8　水稻干尖线虫病的田间为害状

2.发病规律

带虫种子是该病害的主要初侵染源。水稻干尖线虫以成虫、幼虫在谷粒颖壳中越冬。水稻干尖线虫耐寒冷,但不耐高温,在干燥条件下存活力较强,在干燥稻种内可存活3年左右,浸水条件下能存活30天。浸种时,种子内线虫复苏,游离于水中,遇幼芽从芽鞘缝钻入,附于生长点、叶芽及新生嫩叶尖端的细胞外,以吻针刺入细胞吸食汁液,致被害叶形成干尖。干尖线虫在稻株内繁殖1~2代。干尖线虫的远距离传播主要依靠稻种调运,或稻壳作为商品包装运输的填充物,把干尖线虫传到其他地区。秧田期和本田初期干尖线虫靠灌溉水传播,扩大为害。

3.绿色防控技术

(1)加强种子调运管理

选用无病种子,严格禁止从病区调运种子。该病仅在局部地区零星为害,实施检疫是防治该病的主要环节。

(2)生态调控

①建立无病种田,选留无病种子。加强肥水管理,防止串灌、漫灌,减少线虫随水传播。

②温汤浸种。温汤浸种是防治该病的有效方法。先将稻种预浸于冷水中24小时,然后放在45~47℃温水中浸5分钟,再放入52~54℃温水中浸10分钟,而后立即取出冷却,催芽播种,防效较好。

(3)科学用药

可用盐酸、杀线酯(醋酸乙酯)或线菌清浸种,浸种后用清水冲洗种子多次,再催芽播种。在用线菌清等浸种过程中,要避免光照,勤搅动。南方地区因温度较高,可适当缩短浸种时间。

八 南方水稻黑条矮缩病

1.症状识别

南方水稻黑条矮缩病(图3-9)是由病毒引起的病害,该病的主要症状为分蘖增加,叶片短阔、僵直,植株矮缩,叶色深绿,叶背的叶脉和茎秆上出现乳白色或蜡白色条状,后变为褐色的短条瘤状隆起,高位分蘖及茎节部倒生须根,不抽穗或穗小,结实不良,剑叶或上部叶片可见凹凸的皱折,一蔸中有1根或几根稻株比健株矮1/3左右,半全穗。不同生育期染病后的症状略有差异:苗期发病,心叶生长缓慢,叶片短宽、僵直、浓绿,叶脉有不规则蜡白色瘤状突起,后变黑褐色,根短小,植株矮小,不抽穗,常提早枯死;分蘖期发病,新生分蘖先显症,主茎和早期分蘖尚能抽出短小病穗,但病穗缩藏于叶鞘内;拔节期发病,剑叶短阔,穗颈短缩,结实率低。

图3-9 南方水稻黑条矮缩病的田间为害状

2.发病规律

南方水稻黑条矮缩病病毒的传播介体为迁飞性害虫白背飞虱,介体可终身带毒,成虫、若虫都能传毒。水稻种子不带毒。水稻各生育期均可感病,2~7叶期最易感病。除水稻外,玉米、稗草、水莎草、白草等也是南方水稻黑条矮缩病病毒的寄主。迁入带毒白背飞虱或本地白背飞虱取食带毒寄主,再传毒至中、晚稻秧田及本田。随着病毒分布范围的扩大,发病会逐年加重。中、晚稻发病重于早稻,育秧移栽田发病重于直播田,杂交稻发病重于常规稻,田块间发病程度差异显著,发病轻重取决于

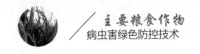
带毒白背飞虱迁入量。病害在我国普遍分布,但仅部分地区严重发生。尚未发现有明显抗病性的水稻品种。

3.绿色防控技术

(1)生态调控

①清除杂草。用除草剂或人工清除的办法对秧田及大田边的杂草进行清除,减少白背飞虱的寄主和毒源。

②及时拔除病株。对大田发病率2%~20%的田块要及时拔除病株(丛),并就地踩入泥中深埋,然后从健丛中掰蘖补苗。对重病田要及时翻耕改种,以减少损失。

③阻断育秧。

(2)驱害避害及理化诱控

推广防虫网、无纺布覆盖育秧,结合秧田或在大田周围设置诱虫板等防治措施,防止白背飞虱迁入传毒为害。

(3)生物防治

白背飞虱的寄生性和捕食性天敌种类较多,除寄生蜂、黑肩绿盲蝽、瓢虫外,蜘蛛、线虫、菌类对其发生也有很大的抑制作用。保护和利用好天敌,对控制白背飞虱的发生能起到明显的效果。

(4)科学用药

①药液浸种或拌种。可以使用吡虫啉浸种或在种子催芽露白后用吡虫啉拌种,待药液充分吸收后播种,预防白背飞虱在秧田前期的传毒。

②适期喷药。该病害通过白背飞虱传毒为害,因此要适时喷施速效杀虫剂,压低虫口数量,降低病害流行风险。主要抓好以下两个时期的药剂防治工作:一是秧田期,在秧苗期稻叶开始展开至拔秧前3天,酌情喷施"送嫁药";二是本田期,在水稻移栽后15~20天,喷施吡蚜酮、吡虫啉或噻嗪酮等药剂。

第二节　水稻主要虫害识别与绿色防控技术

一　水稻螟虫

1. 形态特征

我国稻区常发生的蛀秆螟虫主要有二化螟和大螟。

二化螟(图3-10)成虫头部为淡灰褐色,额呈白色至烟色,圆形,顶端尖。胸部和翅基片为白色至灰白色,并带褐色。前翅为黄褐色至暗褐色,中室先端有紫黑色斑点,中室下方有3个斑点排成斜线。前翅外缘有7个黑点。后翅为白色,靠近翅外缘稍带褐色。雌虫体色比雄虫稍淡,前翅为黄褐色,后翅为白色。卵呈扁椭圆形,由十余粒至百余粒卵组成卵块,排列成鱼鳞状,初产时呈乳白色,将孵化时呈灰黑色。老熟幼虫长2～3厘米,体背有5条褐色纵线,头部为红棕色,腹面为灰白色。蛹为淡棕色,前期背面尚可见5条褐色纵线,中间3条较明显,后期逐渐模糊,足伸至翅芽末端。

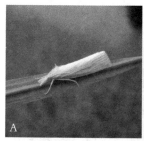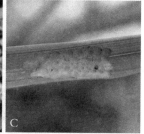

A.成虫　B.幼虫　C.卵

图3-10　二化螟的虫态

大螟(图3-11)成虫头部、胸部为浅黄褐色,腹部为浅黄色至灰白色,触角丝状,前翅近长方形,呈浅灰褐色,中间具4个小黑点排成四角形。卵呈扁圆形,初为白色后变为灰黄色,表面具细纵纹和横线,聚生或散生,常排成2～3列。幼虫身体肥胖,老熟幼虫体长约30毫米,头为红褐色至暗褐色,身体背面呈紫红色,共5～7龄。蛹粗壮,呈红褐色,腹部具灰白色粉状物,臀棘有3根钩棘。

A.成虫　B.幼虫

图3-11　大螟的虫态

2.分布与危害

二化螟的分布区域比较广,北到黑龙江,南至海南岛均有发生,但主要在长江中下游稻区为害严重。大螟在我国各个稻区也都有分布,其中长江以南地区发生偏重。

二化螟以幼虫为害水稻,初孵幼虫群集于叶鞘内为害,造成枯鞘。3龄以后幼虫蛀入稻株内为害,水稻分蘖期造成枯心苗,孕穗期造成枯孕穗,抽穗期造成白穗,成熟期造成虫伤株,导致水稻严重减产(图3-12)。大螟幼虫蛀入稻茎为害,也可造成枯鞘、枯心苗、枯孕穗、白穗及虫伤株。大螟为害造成的枯心苗蛀孔大、虫粪多,且大部分不在稻茎内,多夹在叶鞘和茎秆之间,受害稻茎的叶片、叶鞘部都变为黄色。大螟造成的枯心苗田边较多,田中间较少。

图3-12　二化螟田间为害状

3.发生规律

在我国东北地区,二化螟一般1年发生1代,在过去通常为害较轻,不会暴发成灾。但近年来由于杂交水稻的推广种植和全球气温升高,导致东北地区二化螟为害逐年加重,并在东北局部地区每年发生2代;在北纬32°～44°的陕西、河南、川北、鄂北、皖北和苏北地区,二化螟1年发生2代,其发生量主要取决于当年越冬代虫口基数;在北纬26°～32°的川南、鄂南、皖南、苏南、浙江、闽东北、湖南和江西大部分地区,二化螟1年发生3～4代。由于这些地区的气候条件最适宜二化螟生长发育,所以二化螟经常暴发成灾;在北纬20°～26°的闽南、赣南、湘南、广西、广东和台湾地区,二化螟1年发生4代;在云贵高原地区,因受海拔高度和温度的影响,二化螟1年可发生2～4代,局部地区为害较重;在北纬20°以南的海南岛,二化螟1年可发生5代。但由于该地区气温偏高不利于二化螟生长发育,因此二化螟在海南岛只是零星可见。

大螟在我国1年发生2～4代,发生代数随海拔的升高而减少,随温度的升高而增加。以老熟幼虫在寄生残体或近地面的土壤中越冬,次年3月中旬化蛹,4月上旬交尾产卵,3～5天达高峰期,4月下旬为孵化高峰期。早春10℃以上的温度来得早,则大螟发生早。靠近村庄的低洼地及麦套玉米地发生重。春玉米发生偏轻,夏玉米发生较重。水稻自分蘖期至基本成熟,均受大螟为害,以破口抽穗期与蚁螟盛孵期相吻合的稻田受害最重。越冬代发蛾量高,第一、第二代受高温抑制,繁殖率降低。水稻、玉米、高粱混栽地区,滨湖芦苇、茭白、水稻混栽地区以及杂草较多的丘陵稻区,大螟发生较多。

4. 绿色防控技术

(1)生态调控

改单、双季稻共存为大面积种植双季稻或单季稻,尽量消除有利于水稻螟虫生存的"桥梁田";在有茭白的地区,冬季或早春齐泥割除茭白残株,铲除田边杂草,消灭越冬螟虫;在水稻螟虫化蛹期要及时春耕沤田,将稻桩、稻草、杂草等翻入土中,借以消灭越冬幼虫,减少害虫的基数。

(2)理化诱控

①灯光诱控技术。水稻螟虫成虫对频振式杀虫灯的光线有很强的趋性。因此,可以利用频振式杀虫灯对水稻螟虫进行诱杀。

②信息素诱控技术。在越冬代二化螟、大螟始蛾期,集中连片使用性信息素,通过群集诱杀或干扰交配减轻为害。采用高剂量性信息素智能喷施装置,每3亩设置1套,傍晚至日出每隔10分钟喷施1次。

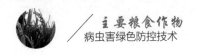

③种植诱集植物。在路边、沟边、机耕道旁种植香根草等诱集植物，丛距3~5米，降低螟虫种群基数。

（3）生物防治

①释放天敌。在二化螟、大螟主害代蛾始盛期释放稻螟赤眼蜂，每代放蜂2~3次，间隔3~5天，每亩每次放蜂量8 000~10 000头，均匀放置5~8个点。蜂卡放置高度以分蘖期高于植株顶端5~20厘米、穗期低于植株顶端5~10厘米为宜。高温季节宜在傍晚放蜂。

②种植显花植物。在田埂和田边种植芝麻、大豆、波斯菊、硫华菊、紫花苜蓿等显花植物，保护和利用寄生蜂、蜘蛛等天敌，提高稻田生物多样性，增强天敌自然控害能力。

（4）科学用药

分蘖期于水稻枯鞘丛率8%~10%或枯鞘株率3%，穗期于卵孵化高峰期施药。早稻大田、再生稻田、单季稻秧田和冬闲田早中稻重点防治1代水稻螟虫，单季稻田重点防治2代水稻螟虫，防治适期在卵孵高峰期，重发区域7~10天补治1次；再生稻后茬、双季晚稻、迟熟单季稻重点防治3代水稻螟虫。生物农药可选用苏云金杆菌、多杀霉素、乙基多杀菌素、金龟子绿僵菌、印楝素等，化学防治药剂可选用甲氧虫酰肼、阿维·氯苯酰、四唑虫酰胺、溴氰虫酰胺、氯虫苯甲酰胺等。

二 稻飞虱

1.形态特征

目前，我国为害水稻的稻飞虱主要有褐飞虱、白背飞虱、灰飞虱等。

褐飞虱（图3-13）成虫虫体呈黄褐或黑褐色，有油状光泽。头顶近方形，额近长方形，中部略宽，触角稍伸出额唇基缝，后足基跗节外侧具2~4根小刺。前翅为黄褐色、透明，翅斑为黑褐色。短翅型前翅伸达腹部第5~6节，后翅均退化。卵产在叶鞘和叶片组织内，排成一条，称为"卵条"。卵粒为香蕉形，稍露出产卵痕，露出部分近短椭圆形，粗看似小方格，清晰可数。初产时为乳白色，渐变淡黄色至锈褐色，并出现红色眼点。

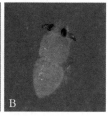

A.成虫　B.若虫

图3-13　褐飞虱的虫态

灰飞虱(图3-14)雄成虫头顶与前胸背板呈黄色,雌成虫前胸背板中部呈淡黄色,两侧呈暗褐色。前翅近于透明,具翅斑。雄虫胸、腹部为黑褐色,雌虫为黄褐色。足皆淡褐色。卵呈长椭圆形,稍弯曲,前端较细于后端,初产时为乳白色,后期为淡黄色。卵成块产于叶鞘、叶中肋或茎秆组织中,卵粒成簇或成双行排列,卵帽露出产卵痕,如鱼子状。越冬若虫体色较深。

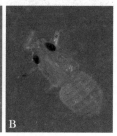

A.成虫　B.若虫

图3-14　灰飞虱的虫态

2.分布与危害

褐飞虱主要以北纬12°以南为常年稳定越冬区,春夏季向北迁飞至我国北纬25°以北的广大稻区,是水稻主要"两迁害虫"之一。灰飞虱主要分布在长三角稻区、苏北和皖北稻麦混作区。

褐飞虱以成、若虫群集于稻丛基部,刺吸茎叶组织汁液。虫量大、为害重时引起稻株瘫痪倒伏,俗称"冒穿",导致水稻严重减产或失收。产卵时,以口器刺伤稻株茎叶组织,形成大量伤口,促使水分由刺伤点向外散失,同时破坏疏导组织,加重水稻的受害程度。取食时排泄的蜜露覆盖在稻株上,因其富含各种糖类、氨基酸类,极易招致煤烟病菌的滋生。褐飞虱不仅是传播水稻病毒病、草状丛矮病和齿叶矮缩病的虫媒,也有

利于水稻纹枯病、小球菌核病的侵染为害。灰飞虱成、若虫均以口器刺吸水稻汁液为害，一般群集于稻丛中上部叶片。虫口大时，稻株因汁液大量丧失而枯黄，同时因大量蜜露洒落于附近叶片或穗子上而滋生霉菌，但较少出现类似褐飞虱的"冒穿"和"虱烧"症状(图3-15)。灰飞虱是传播条纹叶枯病等多种水稻病毒病的媒介，所造成的危害常大于直接吸食危害，被害株表现为相应的病害特征。

A.冒穿　B.虱烧

图3-15　稻飞虱的田间为害状

3.发生规律

褐飞虱是一种迁飞性害虫，每年发生代数自北向南递增。越冬北界随各年冬季气温高低而摆动于北纬21°～25°，常年在北纬25°以北的稻区不能越冬，因此我国广大稻区的初始虫源均随春夏暖湿气流，由南向北逐代逐区迁入。褐飞虱喜温暖、高湿的气候条件，在相对湿度80%以上、气温20～30℃时，生长发育良好，尤其以26～28℃最为适宜。温度过高、过低或湿度过低，均不利于其生长发育。因此，盛夏不热，晚秋不凉，夏秋多雨，有利于褐飞虱的发生。

灰飞虱在北方地区1年发生4～5代。灰飞虱属于温带地区的害虫，耐低温能力较强，对高温适应性较差，其生长发育的适宜温度在28℃左右。冬季低温对其越冬若虫影响不大，在辽宁盘锦地区亦能安全越冬，不会大量死亡。

4.绿色防控技术

(1)生态调控

①选用抗(耐)虫水稻品种。

②科学肥水管理。适时烤田,避免偏施氮肥,防止水稻后期贪青徒长,创造不利于稻飞虱生长繁殖的生态条件。

（2）生物防治

稻飞虱各虫期寄生性天敌和捕食性天敌种类较多,如寄生蜂、黑肩绿盲蝽、瓢虫等。此外,蜘蛛、线虫、菌类对褐飞虱的发生也有很大的抑制作用。应保护利用天敌,提高自然控制能力。采用稻鸭、稻鱼共育等综合种养技术,提高水稻生产综合效益。

（3）科学用药

根据水稻品种类型和稻飞虱发生情况,采用压前控后或狠治主害代的防控策略。稻飞虱孕穗期百丛虫量1 000头、穗期百丛虫量1 500头达到防治指标。生物农药可选用金龟子绿僵菌、球孢白僵菌、苦参碱等。化学农药可选用三氟苯嘧啶、烯啶虫胺、醚菊酯、氟啶虫胺腈、氟啶虫酰胺、阿维·三氟苯、呋虫胺等。

（三）稻纵卷叶螟

1.形态特征

稻纵卷叶螟(图3-16)成虫体长7～9毫米,翅展12～18毫米。体、翅呈黄褐色,停息时两翅斜展在背部两侧。复眼为黑色。触角呈丝状,黄白色。前翅近三角形,前缘呈暗褐色,翅面上有内、中、外三条暗褐色横线,内、外横线从翅的前缘延至后缘,中横线短而略粗,外缘有1条暗褐色宽带,外缘线呈黑褐色。后翅有内、外横线2条,内横线短,不达后缘,外横线及外缘宽带与前翅相同,直达后缘。腹部各节后缘有暗褐色及白色横线各1条,腹部末节有2个并列的白色直条斑。雄蛾前翅前缘中部稍内方,有一中间凹陷、周围黑色毛簇的闪光"眼点",中横线与鼻眼点相连。前足跗节膨大,上有褐色丛毛,停息时尾节常向上翘起。雌蛾前翅前缘中间,即中横线处无"眼点",前足跗节上无丛毛,停息时尾部较平直。卵为椭圆形且扁平,长约1毫米,宽约0.5毫米,中间稍隆起,卵壳表面有细网纹。初产时为乳白色,后渐变为淡黄色,在烈日暴晒下,常变为赭红色。孵化前可见卵内有一黑点,为幼虫头部。初孵幼虫体长1～2毫米,头为黑色,身体为淡黄绿色。随后,3～5天蜕皮一次,长大1龄,幼虫共5龄。5龄幼虫体长14～19毫米,前胸背板有4个黑点,头为褐色,身体

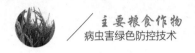
为黄白色至橘黄色。蛹长7~10毫米,呈圆筒形,末端较尖削,初为淡黄色,后转为红棕色至褐色,背部色较深,腹部色较淡。翅芽、触角及足的末端均达第四节后缘。腹部气门突出。

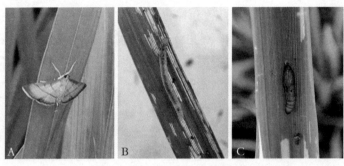

A.成虫　B.幼虫　C.蛹

图3-16　稻纵卷叶螟的虫态

2.分布与危害

分布于南海地区、岭南地区、江岭地区、江淮地区和北方地区。

稻纵卷叶螟吐丝把水稻叶片纵向卷曲起来,然后藏匿在卷叶里面,取食叶肉,留下一层表皮,形成白色条斑。其幼虫一般会用叶丝缀合两边的叶缘,形成向正面纵卷的筒状虫苞。随幼虫逐渐长大,虫苞也不断向前延长。为害严重时,田间到处都是虫苞,远远望去,整个田块一片枯白,导致水稻严重减产(图3-17)。

图3-17　稻纵卷叶螟的田间为害状

3.发生规律

稻纵卷叶螟1年发生代数因纬度和海拔高度所造成的气候、食料情况而异。一般在气候温暖、栽稻季节长、食料丰富时,各虫态历期短,1年发生的代数多。稻纵卷叶螟是一种迁飞性害虫,每年春季,成虫随季风由南向北而来,随气流和雨水降落下来,成为非越冬地区的初始虫源。水稻发育期田间阴雨多湿,有利于稻纵卷叶螟的发生,高温、干旱或低温的条件都不利于其生长,对水稻的危害小。

4. 绿色防控技术

(1)生态调控

①选用优质水稻品种。选择叶片窄细、挺直、质地硬、叶色浅的水稻品种,可以减轻稻纵卷叶螟的危害。

②加强水肥管理。适当调节搁田时期,降低幼虫孵化期的田间湿度,或在化蛹高峰期灌深水2~3天。

(2)生物防治

保护利用天敌,例如蜘蛛、青蛙等。

(3)科学用药

可选用阿维菌素、阿维·氟铃脲、甲氨基阿维菌素苯甲酸盐、阿维·氟酰胺、氯虫苯甲酰胺、氯虫·噻虫嗪、茚虫威、氰氟虫腙、甲维·毒死蜱等进行药剂防治,施药时间在傍晚或早晨露水未干前效果较好,施药时要注意天气,最好在阴天或弱光照时用药。

第三节　水稻田主要杂草识别与绿色防控技术

一 禾本科杂草

1. 稗草

(1)形态特征

子叶留土,第一片真叶为线状披针形,有15条直出平行脉,叶片与叶鞘间的分界不明显,无叶耳、叶舌。成株秆光滑无毛,叶为条形(图3-18)。圆锥花序为尖塔形,较开展、粗壮、直立,主轴具棱,基部被疣基硬刺毛,分枝为穗形总状花序,并生或对生于主轴,上斜举或贴生,下部排列稍疏离,上部密接,小枝上小穗4~7个密集于穗轴一侧。颖果为椭圆形,凸面有纵脊,长2.5~3.5毫米。

图3-18　稗草

（2）分布与危害

几乎遍布全国，生长于水田、低湿旱田及地边。稗草生活力、繁殖力极强，在栽（抛）秧田缺水田块为害较重。因与水稻竞争生长所需元素、生存空间等，导致水稻严重减产。

2. 千金子

（1）形态特征

子叶留土，第一片真叶为长椭圆形。成株根为须状，秆丛生、直立，基部膝曲或倾斜，着土后节上易生不定根，平滑无毛（图3-19）。叶鞘无毛，多短于节间，叶舌为膜质，撕裂状，有小纤毛。叶片扁平或卷折，叶脉为白色。圆锥花序长10～30厘米，主轴和分枝均微粗糙，小穗多带紫色。颖果为长圆形，长约1毫米。

图3-19　千金子

（2）分布与危害

几乎遍布全国,生长于水田、低湿旱田及地边。千金子生活力、繁殖力极强,在栽(抛)秧田缺水田块为害严重。茎节着地后,可长出新根并开始分枝,因此繁殖很快,前期如果没有预防好,会很快进入全田为害。

3.杂草稻

（1）形态特征

秆直立或斜展致植株松散,高50～150厘米(图3-20)。叶二列互生,第一片真叶呈带状披针形或倒披针形,具7条直出平行叶脉,中脉明显,背折,叶舌为白色膜质,长1毫米,叶耳为白色膜质或带紫色;第二片真叶呈带状披针形,略下垂。圆锥花序疏松。小穗呈长圆形,两侧压扁,含3朵小花。颖极退化,仅留痕迹。顶端小花两性,外稃呈舟形,有芒,芒长0.1～5厘米。雄蕊6。退化2花仅留外稃,位于两性花之下,常被误认作颖片。雌蕊由2心皮构成,1室,柱头为羽毛状。颖果长4～10毫米,宽2～7毫米,成熟时被稃片紧包,成熟稃片呈暗草色至褐色,果皮色深,多呈紫红色。籼型杂草稻的颖果长宽比大于3,粳型杂草稻的颖果长宽比在2.8以下。叶鞘厚膜质,乳白色,基部呈紫红色。

图3-20 杂草稻

（2）分布与危害

杂草稻与栽培稻伴生,分布极为广泛,在黑龙江、吉林、辽宁、内蒙古、河北、山东、河南、宁夏、陕西、山西、甘肃、新疆、江苏、安徽、浙江、湖北、湖南、江西、广东、广西、云南、四川、海南、上海和重庆等地均有不同程度发生。其中东北、西北、华东和华南4个地区杂草稻为害严重。

杂草稻在各种栽培稻田均有发生,但以套播、直播、免耕连作稻田发生最为严重。密度为2~40株/米²时可使水稻减产19%~89%,全季度干扰可使水稻减产61%,且蔓延速度不断加快,为害程度不断升级。杂草稻混杂后,稻米品质降低,影响市场价格。

4.乱草(碎米知风草)

(1)形态特征

秆直立或膝曲丛生,高30~100厘米(图3-21)。叶舌膜质,长约0.5毫米,叶片平展,长3~25厘米,宽3~5毫米,光滑无毛。圆锥花序常超过植株一半,分枝细,簇生或轮生,腋间无毛。小穗为卵圆形,成熟后为紫色,长1~2毫米,含4~8朵小花。颖果为棕红色并透明,卵圆形,长约0.5毫米。以种子进行繁殖。

图3-21　碎米知风草

(2)分布与危害

在我国主要分布于长江以南地区。适生于湿润环境,除对水稻有危害外,对棉花、玉米、大豆、甘薯和蔬菜也有危害。

（二）莎草科杂草

1.异型莎草

(1)形态特征

秆丛生,扁三棱形,平滑(图3-22)。叶短于秆,叶鞘为褐色。苞片2枚,长于花序。头状花序为球形,小穗数极多,小穗轴无翅。鳞片排列稍松,

图3-22　异型莎草

膜质。花柱极短,柱头3。小坚果呈倒卵状椭圆形或三棱形,几乎与鳞片等长,淡黄色。

(2)分布与危害

我国分布很广,东北各省、河北、山西、陕西、甘肃、云南、四川、湖南、湖北、浙江、江苏、安徽、福建、广东、广西、海南岛均常见到。常生长于稻田中或水边潮湿处,是低洼潮湿地主要恶性杂草之一。每年繁殖1~2代,由于种子数量极多,常密集成片发生。

2.碎米莎草

(1)形态特征

具须根,无根状茎。秆丛生,高8~85厘米,呈扁三棱形,基部具少数叶,叶短于秆,宽2~5毫米,平张或折合,叶鞘呈红棕色或棕紫色(图3-23)。叶状苞片3~5枚,下面2~3枚常较花序长;长侧枝聚伞花序复出,具4~9个辐射枝,辐射枝最长达12厘米,每个辐射枝具5~10个穗状花序;穗状花序呈卵形或长圆状卵形,长1~4厘米,具5~22个小穗;小穗排列松散,斜展开,压扁,长4~10毫米,宽约2毫米,具6~22花;小穗轴上近于无翅;鳞片排列疏松,为膜质,宽倒卵

图3-23 碎米莎草

形,顶端微缺,具短尖,不突出于鳞片的顶端,背面具龙骨状突起,绿色,有3~5条脉,两侧呈黄色或麦秆黄色,上端具白色透明的边;雄蕊3,花丝着生于环形胼胝体上,花药短,椭圆形,药隔不突出于花药顶端;花柱短,柱头3。小坚果呈倒卵形、椭圆形或三棱形,与鳞片等长,褐色,具密的微突起细点。第一片真叶呈带状披针形,具平行脉5条,其中3条较粗,其间有横脉,构成网格状。春夏季出苗,以种子越冬繁殖。

(2)分布与危害

分布极广,遍布我国各地。喜湿润环境,但能耐旱,生长于田间、山坡、路旁阴湿处,常发生于棉花、玉米、大豆等作物田以及果园、菜园等,

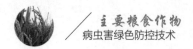
有时在直播水稻田发生也比较
普遍。植株繁殖蔓延迅速，难以
根除，是为害秋熟作物田的主要
恶性杂草之一。

3.水莎草

（1）形态特征

成株株高为0.4~1米（图
3-24）。根状茎长。秆粗壮，呈
扁三棱形，平滑。叶片背面中肋
呈龙骨状突起。苞片常3枚，长
侧枝聚伞花序复出，具4~7个
辐射枝，每一辐射枝上具1~3
个穗状花序，每一穗状花序具
5~17个小穗，花序轴被疏的短
硬毛，小穗轴具白色透明的翅，
雄蕊3，花药为线形，药隔为暗

图3-24　水莎草

红色，花柱很短，柱头2，细长，具暗红色斑纹。花果期7—10月，小坚果渐
次成熟脱落，以根状茎或种子繁殖。

（2）分布与危害

广泛分布于我国各地，多生长于浅水中、水边沙土上。水莎草具有
发达块状茎，蔓延迅速，难以根除。

三 阔叶杂草

1.雨久花

（1）形态特征

根状茎粗壮，具柔软须根。
茎直立，高30~70厘米，全株光
滑无毛（图3-25）。叶基生和茎
生。基生叶为宽卵状心形，全
缘，具多数弧状脉，叶柄长达30
厘米，有时膨大成囊状；茎生叶

图3-25　雨久花

叶柄渐短,基部增大成鞘,抱茎。总状花序顶生,有花十余朵,具花梗。花被片为蓝色。雄蕊6,其中一枚较大。蒴果为长卵圆形。种子为长圆形,有纵棱。以种子进行繁殖。

(2)分布与危害

广泛分布于我国东北、华北、华中、华东和华南地区。喜生于潮湿温暖、阳光充足处,为稻田常见杂草。

2.鸭舌草

(1)形态特征

初生叶1片,披针形,基部两侧有膜质鞘边,有3条直出平行脉。成株全株光滑无毛(图3-26)。叶纸质,上表面光亮,形状和大小多变异,有条形、披针形、矩圆状卵形、卵形至宽卵形,顶端渐尖,基部圆形或浅心形,全缘,弧状脉;叶柄基部有鞘。总状花序于叶鞘中抽出,有

图3-26　鸭舌草

花3~8朵,整个花序不超出叶的高度。花被片6,为披针形或卵形,蓝色略带红色。蒴果为卵形,长约1厘米。种子为长圆形,长约1毫米,表面具纵棱。

(2)分布与危害

在我国广泛分布,尤以长江流域及其以南地区为害严重,其中又以稻麦连作田,灌排条件好、有稳定灌水水源、施肥水平高,特别是速效氮肥施用量大的田块为害较重。

3.丁香蓼

(1)形态特征

初生叶2片,对生,长椭圆状披针形,先端钝尖,叶基为楔形,具短柄。成株茎近直立或基部斜上,有分枝,具纵棱,淡绿色或带红紫色(图3-27)。叶互生,叶片为披针形或长圆状披针形,基部楔形,全缘,近无毛。花单生于叶腋,无梗。花萼筒与子房合生,裂片4枚,为卵状披针形,绿色,外面略被短柔毛。花瓣4,呈黄色,倒卵形,稍短于花萼裂片,雄蕊

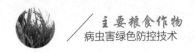

4。蒴果为线状柱形,具4钝棱,稍带紫色,熟后室背果皮不规则破裂,含多数种子。种子为椭圆形,长不及1毫米,棕黄色。

图3-27 丁香蓼

(2)分布与危害

在我国主要分布于长江以南地区。喜潮湿,在稻田、河滩、溪谷旁湿处均可见到。生长量较大,主要为害水稻,属水稻田中优势阔叶杂草之一。

4.鳢肠

(1)形态特征

茎可长至60厘米,呈直立状、斜升状或平卧状,基部分枝,有糙毛。叶无柄或柄极短,叶呈披针形,边缘呈细锯齿状或波状,两面密被糙毛(图3-28)。头状花序,总苞呈球状钟形,外围两层舌状雌花,中央多数为两性花,花冠白色管状,托片呈披针或线性,中部往上有微毛。雌花瘦果呈三棱形,两性花瘦果呈扁四棱形,暗褐色,无毛。

图3-28 鳢肠

(2)分布与危害

广泛分布于我国各地。喜潮湿,常见于河边、田边或路旁。可在多种作物田发生,其中以灌水及时、长期湿润的稻田为害较重,也属于棉田恶性杂草之一。

5.陌上菜

(1)形态特征

直立草本,根较细密,聚成丛状。茎高5～20厘米,呈四棱形,基部分枝较多,无毛。叶对生,无柄,呈椭圆状略带菱形,两面均无毛(图3-29)。花呈粉红色或紫色,下唇略大于上唇,单生于叶腋。蒴果呈球形或卵球形,种子有格纹,种子量大。

图3-29　陌上菜

(2)分布与危害

我国各省均有分布,属稻田和路边常见杂草,发生量较大,为害较重。

6.节节菜

(1)形态特征

一年生草本植物,高6～35厘米,多分枝,茎略呈四棱形,带紫红色,基部匍匐(图3-30)。叶对生,无柄或近无柄,叶片呈倒卵形、椭圆形或近匙状长圆形,先端圆钝,全缘,背脉凸起。花小,排成腋生穗状花序;苞片为叶状,倒卵状长椭圆形;花萼管钟状,膜质,裂片4;花瓣4,极小,淡红色,短于萼齿。雄蕊4,与萼管等长。雌蕊子房呈椭圆形,长为子房之半或相等。蒴果呈椭圆形,具横条纹,常2瓣裂。种子极细小,呈狭长卵形或棒状,褐色。幼苗子叶呈匙状椭圆形,下胚轴粗短,带紫红色。初生叶对生,呈匙状长椭圆形,无柄;第一对后生叶与初生叶相似,第二对后生叶呈阔椭圆形。以种子越冬繁殖为主,兼有匍匐茎的营养繁殖,人工防除或机械损伤后可在茎上迅速产生不定根而再生。

图3-30　节节菜

（2）分布与危害

在我国主要分布于秦岭—淮河以南的水稻产区,亦常发生于湿润的玉米、大豆、棉花、甘蔗等秋熟旱作物田地。20世纪80年代,节节菜曾是我国水稻田四大主要恶性杂草之一,发生较重的田块,密生呈毡状。20世纪90年代,化学除草剂的大量应用有效遏制了节节菜的发生,其危害性位次明显下降。2000年以后,节节菜在浙江、江苏和安徽的危害有加重趋势。

7. 多花水苋

（1）形态特征

茎直立,多分枝,无毛,茎上部略具4棱。叶对生,膜质,为长椭圆形,顶端渐尖,植株中部以上叶的叶基为耳形,下部叶片基部为非耳形(图3-31)。多花或疏散的二歧聚伞花序,总花梗短,长约2毫米,纤细,花梗长约1毫米;花瓣4,为倒卵形,小而早落;花柱长0.5～1毫米,为线形。蒴果为扁球形,直径约1.5毫米,成熟时为暗红色。种子为半椭圆形。

图3-31　多花水苋

（2）分布与危害

广泛分布于我国南部各省,常生长于湿地或水田中,对水稻生长影响较大。

8.耳基水苋

（1）形态特征

茎直立,少分枝,无毛,上部茎4棱或略具狭翅。叶对生,呈狭披针形或矩圆状披针形,基部扩大,呈心状耳形,半抱茎（图3-32）,无柄;聚伞花序腋生,小苞片呈线形,萼筒呈钟形;花瓣4,近圆形,早落。蒴果呈扁球形,成熟时约1/3突出于萼之外,呈紫红色,不规则周裂。种子呈半椭圆形。

（2）分布与危害

广布于世界热带地区。在我国分布于广东、福建、浙江、江苏、安徽、湖北、河南、河北、陕西、甘肃

图3-32 耳基水苋

及云南等地。常生长于湿地和水稻田中,原为稻田一般性杂草,近年来在多地蔓延,在为害较严重的田块常见其成片覆盖在水稻上面。

9.水竹叶

（1）形态特征

根状茎长而横走,具叶鞘,节上具细长须状根。茎肉质,下部匍匐,节上生根。叶片为竹叶形,无柄（图3-33）。花单生于分枝顶端叶腋内,有花梗。花萼3,雄蕊6。蒴果为卵圆状三棱形,种子为短柱状。种子和茎均能繁殖。

（2）分布与危害

分布于云南、四川、贵州、湖

图3-33 水竹叶

南、湖北、广东、海南、江苏、安徽、浙江、江西、河南、山东、台湾、福建等地。性喜凉爽、湿润气候,耐寒性强。为南方稻田常见杂草,生长迅速,全年生长。

四 稻田混生杂草绿色防控技术

1. 生态调控

（1）精选种子

通过对稻种过筛、风扬、水选等措施,汰除杂草种子,防止恶性杂草种子远距离传播为害。

（2）加强肥水管理

通过水层管理、肥水壮苗、施用腐熟粪肥和水旱轮作等措施,有效减轻伴生杂草的危害。

2. 生物防治

通过人工放鸭、稻田养鱼等方式,发挥生物取食杂草籽实和幼芽的作用,减少杂草的发生基数。

3. 科学用药

（1）机插秧田用药

采用"一封一杀"策略,在插秧前1~2天或插秧后5~7天选用丁草胺、丙草胺、苄嘧磺隆、异噁草松、苯噻酰草胺、丙炔噁草酮·丁草胺等药剂及其复配制剂进行土壤封闭处理;插秧后15~20天,选用噁唑酰草胺、五氟磺草胺、氰氟草酯、三唑磺草酮(粳稻品种安全)、氯氟吡啶酯等药剂及其复配制剂防治稗草、千金子等禾本科杂草,选用吡嘧磺隆、2甲4氯钠、氯氟吡啶酯、灭草松等药剂及其复配制剂防治鸭舌草、耳基水苋等阔叶杂草及莎草。

（2）水直播田用药

采用"一封一(封)杀"策略,播后2~4天,选用丙草胺、苄嘧磺隆等药剂及其复配制剂进行土壤封闭处理。若错过土壤封闭处理时间,则在播后7~10天,选用五氟磺草胺、苄嘧磺隆等药剂及其复配制剂采取封杀结合的方式进行处理。在播后16~20天,水稻处于3叶1心至4叶期时进行茎叶处理,选用氰氟草酯、噁唑酰草胺、敌稗、异噁草松、五氟磺草胺、氯氟吡啶酯、双草醚(限籼稻品种)等药剂及其复配制剂防治稗草、千金子等禾本科杂草,选用苄嘧磺隆、吡嘧磺隆、2甲4氯钠、灭草松等药剂及其复配制剂防治鸭舌草、丁香蓼等阔叶杂草及莎草。

(3)旱直播田用药

防控采用"一封一杀(一补)"策略,播后苗前选用二甲戊灵、异噁草松、噁草酮、丁草胺·噁草酮、仲丁灵等药剂及其复配制剂进行土壤封闭处理,第一次用药后15~20天进行茎叶处理,选用药剂参考"水直播田"茎叶处理。

(4)人工移栽及抛秧田用药

杂草防控采用"一次封(杀)"策略。在秧苗返青后选用丙草胺、乙草胺、苯噻酰草胺、苄嘧磺隆、吡嘧磺隆等药剂及其复配制剂进行土壤封闭处理,同时保持3~5厘米水层3~5天。

▶ 第四节　水稻全生育期病虫害绿色防控技术体系

一　防控策略

贯彻"预防为主,综合防治"的植保方针和"公共植保、绿色植保、科学植保"的工作理念,以种植水稻抗性品种和健康栽培为基础,坚持以农业防治、物理防治和生物防治为主,同时辅以必要的化学防治。化学防治按照"预防秧田期、放宽分蘖期、保护成穗期"的防治策略,重点抓好"三前三防、两期两治"。"三前三防"指三次预防性用药,即在播前对种子进行药剂处理、移栽前施"送嫁药"和破口前综合施药;"两期两治"指在分蘖末期和穗期根据病虫监测结果,实施达标防治。

二　防控对象

主要防控对象为"三虫三病"(稻飞虱、稻纵卷叶螟、二化螟、纹枯病、稻瘟病、稻曲病)和稻田杂草,其次为稻蓟马、大螟、恶苗病、穗腐病、细菌性条斑病、干尖线虫病等。

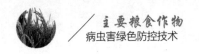

三 防控措施

1.播种前

（1）翻耕杀蛹

在水稻播种前10～14天，将冬闲田灌水、翻耕，保持2～3厘米水层7天左右，以杀死稻茬中残存的越冬螟虫。

（2）种子处理

选用综合抗性好、高产、优质的水稻良种，于播种前2～4天阳光晒种5～6小时。根据当地病虫害发生情况选择合适的种子处理剂进行处理，预防稻瘟病、立枯病、恶苗病可选用咪·咯菌腈、咪鲜胺、苯醚甲环唑、精甲霜灵、嘧菌酯、肟菌酯等。防治稻飞虱、稻蓟马可选用噻虫嗪、吡虫啉、呋虫胺等。防治水稻干尖线虫病可选用杀螟丹等。

（3）封闭除草

①机插秧稻田。机插秧早稻田在插秧后的7～10天，机插秧中、晚稻田在插秧前1～2天或插秧后5～7天，于秧苗返青活棵后选用丙草胺、苯噻酰草胺、苄嘧磺隆、吡嘧磺隆等药剂及其复配制剂进行土壤封闭处理。

②水直播稻田。播后1～3天，在气候条件适宜的情况下，选用丙草胺、苄嘧磺隆等药剂及其复配制剂进行土壤封闭处理，也可在播后14天使用氟酮磺草胺＋丙噁·丁草胺进行封杀。

③旱直播稻田。播后苗前，选用二甲戊灵、吡嘧磺隆、苄嘧磺隆、丙草胺、噁草酮等药剂及其复配制剂进行土壤封闭处理。

④人工移栽田。在秧苗返青后，杂草出苗前，选用乙草胺、丙草胺、苯噻酰草胺、苄嘧磺隆、吡嘧磺隆等药剂及其复配制剂进行土壤封闭处理。

2.移栽前

以稻瘟病、二化螟、稻蓟马、稻飞虱为防治对象，在秧苗移栽前2～3天，选用三环唑、春雷霉素、氯虫苯甲酰胺、甲维盐、吡蚜酮等药剂，对水均匀喷雾。

3.移栽至孕穗期

（1）非化学防治措施（可根据实际情况选用以下措施）

①种植香根草或显花植物。于5月份前后在田埂上种植香根草诱杀

二化螟。适时种植芝麻、波斯菊等显花植物或大豆、秋葵等经济作物,吸引、保护天敌。

②诱虫灯诱杀。于当地越冬代螟虫孵化初期开灯诱杀。

③性诱剂、食诱剂诱杀。根据当地二化螟、稻纵卷叶螟等重要害虫的发生种类选择相应的诱芯,于发蛾期按产品说明书的要求放置诱捕器诱芯诱杀。

④灌水杀蛹。在二化螟的初蛹期前放水烤田或留浅水,吸引螟虫至低节位化蛹,进入化蛹高峰期后,灌7~10厘米的深水,保持3~4天,以淹死螟虫。

⑤释放天敌。在二化螟、稻纵卷叶螟产卵始盛期开始释放人工繁殖的赤眼蜂。

(2)化学防治措施

①病虫害防治。化学防治实行达标防治(防治指标:稻飞虱分蘖期百丛低龄若虫1 000头,稻纵卷叶螟分蘖期百丛低龄幼虫100头,孕、抽穗期百丛低龄幼虫50头,二化螟每亩有枯鞘团40个或枯鞘丛率5%,苗瘟、叶瘟出现中心病株或病叶率为3%~5%,纹枯病分蘖末期至拔节孕穗期病丛率20%,细菌性病害出现发病中心),优先选用生物农药,于防治适期内施药防控,尽可能做到"一喷多防"。

②茎叶除草。机插秧田:根据田间杂草发生情况进行茎叶喷雾处理,选用氰氟草酯、噁唑酰草胺、氯氟吡啶酯、二氯喹啉酸等药剂及其复配制剂防治稗草、千金子等禾本科杂草,选用吡嘧磺隆、2甲4氯钠、氯氟吡啶酯、灭草松等药剂及其复配制剂防治鸭舌草、耳基水苋等阔叶杂草及莎草。水直播稻田:在第一次用药后,早稻间隔18~20天,中、晚稻间隔12~15天,选用氰氟草酯、噁唑酰草胺、五氟磺草胺、双草醚等药剂及其复配制剂防治稗草、千金子等禾本科杂草,选用苄嘧磺隆、吡嘧磺隆、2甲4氯钠、灭草松等药剂及其复配制剂防治鸭舌草、丁香蓼等阔叶杂草及莎草。旱直播稻田:第一次用药后15~20天选用噁唑酰草胺、五氟磺草胺、氰氟草酯、三唑磺草酮等药剂及其复配制剂防治稗草、千金子、马唐等禾本科杂草,选用2甲4氯钠、灭草松、氯氟吡啶酯等药剂及其复配制剂防治鸭舌草、丁香蓼等阔叶杂草及莎草。根据田间残留草情,选用茎叶处理除草剂进行补施处理。人工移栽田:未进行土壤封闭处理时,可

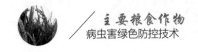
在杂草2～3叶期,根据杂草发生情况,进行茎叶喷雾处理。

4.孕穗末期至穗期

(1)综合防治

水稻破口前10天左右以防治稻曲病为重点,破口前3天左右以防治穗颈瘟为重点,同时根据螟虫、稻飞虱、纹枯病等发生情况,进行综合防治。视天气、病虫害发生情况在破口后进行第二次施药。如遇持续阴雨天气,宜选用对水稻穗腐病有兼治效果的药剂。

(2)达标防治

化学防治实行达标防治(稻飞虱抽穗期百丛低龄若虫1 500头,齐穗期以后百丛低龄若虫2 000头,稻纵卷叶螟百丛低龄幼虫50头,细菌性病害出现发病中心),选择合适的药剂,科学施药防控。

第四章

小麦主要病虫害识别与绿色防控技术

▶ 第一节　小麦主要病害识别与绿色防控技术

一　小麦条锈病

1.症状识别

小麦条锈病(图4–1)是由真菌引起的病害,以侵害小麦叶片为主,有时也侵害叶鞘、茎秆和麦穗。发病部位产生鲜黄色疱状夏孢子堆,随后夏孢子堆表皮破裂,出现鲜黄色粉状物,夏孢子堆寄主表皮开裂不明显。后期产生黑色冬孢子堆,冬孢子堆成行排列,表皮不破裂。

2.发病规律

小麦条锈病主要以侵入后未显症的潜伏菌丝在麦叶组织内休眠越冬,只要该受侵染组织冬季未被冻死,病原菌即可安全越冬。小麦条锈病是一

图4–1　小麦条锈病的田间为害状

种气流传播病害,风力弱时,夏孢子只能传播至邻近麦株上。当菌源量大、气流强时,强大的气流可将大量病原菌夏孢子吹送至1 500～5 000米的高空,随气流传播到800～2 000千米以外的小麦上进行再侵害。

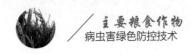
3.绿色防控技术

（1）生态调控

①种植抗锈良种。种植抗锈良种是防治小麦条锈病最经济有效的措施。在选用抗锈良种时，要注意品种的合理布局和轮换种植，防止大面积使用单一品种。

②调整播期，适期晚播。适期晚播是指在小麦适宜播种时期尽量晚播、避免早播，可减轻秋苗发病程度，特别是在陇东、陇南、川西北等山区防病效果十分显著。

③加强肥水管理，铲除自生麦苗。提倡施用堆肥或腐熟的有机肥，避免过量施用氮肥，增施磷、钾肥。合理灌溉，控制田间湿度，及时排水和灌水。小麦收获后及时翻耕灭茬，拔除麦场、路旁的自生麦苗。

④不同品种混种或间种。小麦品种混种或间种对条锈病具有一定的防控作用。在选用混种或间种品种时，要注意选择综合农艺性状相近、生态适应性相似、抗病性差异较大的品种进行搭配。小麦分别与玉米、马铃薯、蚕豆、辣椒、油葵等作物间套作，对小麦条锈病也有一定的防控作用。

（2）科学用药

①种子处理。药剂拌种是一种高效、多功能的农作物病虫害防治技术。小麦播种时采用三唑酮、烯唑醇、三唑醇和戊唑醇等药剂进行拌种或种子包衣，可有效控制条锈病发生，还能兼治其他多种小麦病害，具有一药多效、事半功倍的作用。

②田间喷药防治。在小麦条锈病暴发流行的情况下，药剂防治是大面积控制病害的主要应急措施。苗期防治采取带药侦察的方法，发现一点，控制一片。目前大面积应用的药剂主要是三唑酮，在拔节期明显见病或孕穗至抽穗期病叶率达5%~10%时施药1次，防病增产效果显著。如病情重，持续时间长，15天后可再施药1次。

二 小麦叶锈病

1.症状识别

小麦叶锈病（图4-2）是由真菌引起的病害，主要为害小麦叶片，产生疱疹状病斑，很少为害叶鞘和茎秆。叶片受害，产生圆形或近圆形橘红色疹状病斑。夏孢子堆表皮破裂后,散出黄褐色粉末。有时病菌可穿透叶片,在叶片两面同时形成夏孢子堆。后期在叶背面散生暗褐色至深褐色、椭圆形的冬孢子堆,成熟时不破裂。

2.发病规律

小麦叶锈病病菌耐高温,在平原麦区可以侵染当地的自生麦苗,并进行再侵染,从而越过夏季。病原菌以夏孢子进行再侵染的方式越过冬季。病原菌越夏后成为当地秋苗感病的主要病原菌来源,病原菌通过夏孢子进行多次再侵染引起病害流行。小麦叶锈病是一种气流传播病害,风力弱时,夏孢子只能传播至邻近麦株上。当菌源量大、气流强时,强大的气流可将大量的小麦叶锈病病菌夏孢子吹送至 1 500 ~ 5 000 米的高空,随气流传播到 800 ~ 2 000 千米以外的小麦上侵染。影响小麦叶锈病流行的主要因素是春季降水次数、降水量和温度回升的早晚。

图4-2　小麦叶锈病的田间为害状

3.绿色防控技术

(1)生态调控

①加强栽培管理。收获后翻耕灭茬,灭除杂草和自生麦苗,减少越夏菌源,适期播种。

②加强肥水管理。雨季及时排水,善管肥水,提高根系活力,适量、适时追肥,避免过多、过晚使用氮肥,增强植株抗(耐)病力。

③种植抗病品种。选用具有避病性(早熟)、慢病性、耐病性的品种。注意多个品种合理搭配和轮换种植,避免长期大面积种植单一品种。

(2)科学用药

①种子处理。播前可使用三唑酮、叶锈特等药剂拌种,或使用保丰1

号种衣剂(活性成分为三唑酮、多菌灵、辛硫磷)等进行种子包衣。

②适时喷药。于发病初期喷施三唑酮或戊唑醇,间隔10~20天施药1次,防治1~2次,喷匀喷足,可兼治条锈病、秆锈病和白粉病。

三 小麦白粉病

1.症状识别

小麦白粉病(图4-3)是由专性寄生性真菌引起的病害,主要侵染叶片,严重时也侵染叶鞘、茎秆和穗,小麦从幼苗到成株均可被小麦白粉病病菌侵染。病部最初出现分散的白色丝状霉斑,逐渐扩大并合并成长椭圆形的较大霉斑,严重时可覆盖大部分甚至全部叶片,霉层增厚可达2毫米,并逐渐呈粉状。后期霉层逐渐由白色变灰色乃至褐色,并散生黑色颗粒。被害叶片霉层下的组织在初期无显著变化,随着病情发展,叶片褪绿、变黄乃至卷曲枯死,重病株常矮而弱,不抽穗或抽出的穗短小。

图4-3 小麦白粉病的田间为害状

2.发病规律

小麦白粉病病菌只能在活的寄主组织上生长发育,并对寄主有很严格的专化性,病菌以分生孢子或菌丝体潜伏在寄主组织内越冬。在我国种植冬小麦的地区,小麦白粉病病菌均能安全越冬。小麦白粉病病菌越夏的方式有两种:一种是以分生孢子在夏季气温较低的地区的自生麦苗或夏播小麦上继续侵染繁殖,或者以潜育状态度过夏季;另一种是以病残体上的闭囊壳在低温、干燥的条件下越夏,以分生孢子随气流传播。低温高湿、光照弱、田间菌源量大、品种抗性较差,均有利于孢子的萌发和侵入。

3. 绿色防控技术

（1）生态调控

①种植抗病品种。各地可根据其麦区的生态条件特点，选用适合当地种植的高产抗病（高抗、中抗和慢粉）小麦品种。

②加强栽培管理。采用正确的栽培措施可减轻病害的发生，如合理密植和灌溉，促进通风透光，减少倒伏，降低湿度；注意氮、磷、钾肥的合理配用；在白粉病可在自生麦苗上越夏的地区，应在秋播前尽量清除田间和场院处的自生麦苗，以减少秋苗期的菌源。

（2）科学用药

①种子处理。在小麦白粉病秋苗发生区（一般在病菌越夏及其邻近地区），采用三唑类杀菌剂拌种或种子包衣可有效控制苗期病害，减少越冬菌量。

②适时喷药。春季防治一般采用叶面喷雾。结合小麦白粉病预测预报，在孕穗—抽穗—扬花期病株（茎）率为15%～20%或病叶率为5%～10%时即可防治。目前主要推荐的药剂有三唑类杀菌剂，如三唑酮、丙环唑、烯唑醇和腈菌唑。一般发病年份用三唑类杀菌剂防治1次即可控制病害的流行和危害，重病年份或地块可根据情况用药2次。另外还可以使用甲氧基丙烯酸酯类杀菌剂，如烯肟菌酯、氯啶菌酯、苯醚菌酯、烯肟菌胺、醚菌酯、嘧菌酯等，此类杀菌剂可根据田间病情和天气情况用药1～2次。甲基硫菌灵、硫·酮、己唑醇·福美双等其他杀菌剂或混剂也可用于防病。此类药剂需要在发病初期施用，用药次数可根据天气和田间发病情况而定，一般需连续使用2～3次，施药间隔期7～10天。要注意三唑类杀菌剂应与其他作用方式药剂（甲氧基丙烯酸酯类和苯并咪唑类杀菌剂）等轮换使用，以避免病菌抗药性迅速增强。建议在病害需要防治2次的地区或地块，三唑类杀菌剂和其他类型的杀菌剂轮换使用，各使用1次。

（四）小麦赤霉病

1. 症状识别

小麦赤霉病（图4-4）是由真菌引起的病害，造成苗枯、穗腐、茎基腐、秆腐，在我国以穗腐危害最重。苗枯：先是幼苗的芽鞘和根鞘变褐，根冠随之腐烂,轻者病苗黄瘦,小麦赤霉病重时全苗枯死,枯死苗在湿度大时产生粉红色霉状物(病菌分生孢子和子座)。穗腐:小麦扬花期后出现,初在小穗和颖片上产生水渍状浅褐色斑,渐扩大至整个小穗,致小穗枯黄。湿度大时,病斑处产生粉红色胶状霉层。后期产生密集的蓝黑色小颗粒,籽粒干瘪并伴有白色至粉红色霉层。小穗发病后扩展至穗轴,病部干枯变褐,使被害部以上小穗形成枯白穗。茎基腐:自幼苗出土至成株期均可发生,麦株基部受害

图4-4　小麦赤霉病的田间为害状

后变褐腐烂,造成整株死亡。秆腐:多发生在穗下第一、第二节,初在叶鞘上出现水渍状褪绿斑,后扩展为淡褐色至红褐色不规则形斑或向茎内扩展。病情严重时,造成病部以上枯黄,有时不能抽穗或抽出枯黄穗。潮湿条件下病部可见粉红色霉层,病株易被风吹折。

2.发病规律

以菌丝体在土壤中的作物残体上越冬,土壤和种子也可以带菌。小麦赤霉病是典型的气候型气流传播病害,病菌通过土壤、作物残体、种子、雨水等传播。初始菌源量大、种植感病品种、小麦扬花期潮湿多雨,极易造成小麦赤霉病流行成灾。

3.绿色防控技术

(1)生态调控

①清除菌源。播种前做好前茬作物残体的处理,利用机械等方式粉碎作物残体,翻埋土下,使土壤表面无秸秆残留,减少田间初侵染菌源数量。

②精选种子。播种时要精选种子,减少种子带菌率。控制播量,避免植株过于密集,导致田间通风透光不良。

③加强水肥管理。根据土壤的含钾状况,基肥施用含钾的复合肥,一般每公顷可施含钾复合肥225～375千克或氯化钾120～180千克,提

高小麦的抗病性。

④选用抗病品种。虽尚未发现对小麦赤霉病高抗的小麦品种,但是我国已选育出一些比较抗病的品种。在小麦赤霉病常发区最好种植对小麦赤霉病有中等以上抗性的品种,不种植高感品种。

(2)科学用药

小麦抽穗扬花期做好化学防治。在防治策略上要坚持"预防为主,主动出击"的原则。防治效果主要取决于首次施药时间,一般在齐穗至开花初期用药防治效果最好,对于高感品种可提前至破口期用药。根据天气预报,如抽穗扬花期遭遇阴雨天气,应及时喷药,抑制病菌侵染。小麦赤霉病的化学防治次数取决于天气情况和小麦品种特性。在初次用药后7天内,如遇连续高温多湿天气,必须防治第二次。对于高感品种,在开花整齐度差、花期相差7天以上的田块,也应进行第二次防治,两次防治时间间隔7天左右。常用防治药剂有丙硫菌唑、氰烯菌酯等。

五 小麦纹枯病

1.症状识别

小麦纹枯病(图4-5)是由真菌引起的病毒,主要为害植株基部的叶鞘和茎秆,可在小麦的各个生育期发生。苗期发病初期,主要于小麦3～4叶期在第一叶鞘接近地表处出现边缘褐色、中间淡白色或灰白色、形状多为梭形或椭圆形的病斑。发病严重时病斑向内侧发展延伸至茎秆,茎基部第一、第二节间变黑至腐烂,导致植株死亡。返青拔节后,病斑最早出现在下部叶鞘上,产生中部灰白色、边缘浅褐色的云纹状病斑。田间湿度大时,叶鞘及茎秆上可见白色、蛛丝状的菌丝体,以及由菌丝纠缠形成的黄褐色的菌核。小麦茎秆的云纹状病斑及菌核

图4-5　小麦纹枯病的田间为害状

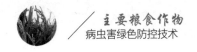

是小麦纹枯病的典型症状。

2.发病规律

病原菌菌核、菌丝体(在病残体中)在田间越夏、越冬。菌核在干燥的土壤中可存活6年之久。病原菌可通过土壤、病残体、未腐熟的有机肥等传播。越冬土壤含菌量大、菌源品种抗性低、秋冬季温度高、播期早、氮肥施用量大、田间郁闭的情况易发病。

3.绿色防控技术

(1)生态调控

①选种抗(耐)病品种。因地制宜选用高产的抗(耐)病品种。

②适期播种。适期精量播种,防止因冬麦早播导致病菌冬前侵染早、发病重。

③加强肥水管理。做到沟系配套,排灌通畅,平衡施肥,不偏施氮肥。

(2)科学用药

小麦拔节初期,当病株率达10%时开始第一次防治,之后隔7～10天根据病情决定是否需要再次防治。可使用井冈霉素、丙环唑、己唑醇、戊唑醇等单剂及其复配剂。对于小麦纹枯病为害严重的田块,在拔节期要采取"大剂量、大水量、提前泼浇或对水粗喷雾"的方法,确保药液淋到根、茎基等发病部位,切实提高防治效果。

六 小麦根腐病

1.症状识别

小麦根腐病(图4-6)是由真菌引起的病害,小麦种子、幼芽、幼苗、成株根系、茎叶和穗部均可受害,受害后表现出一系列复杂症状。

幼苗染病后在芽鞘和地下茎上初生浅褐色条斑,后变暗褐色,腐烂面积扩大,部位加深,严重的幼芽烂死,不能出土。出土后的幼

图4-6 小麦根腐病的田间为害状

苗可因其地下部分腐烂加重,生长衰弱而陆续死亡,未死病苗发育迟缓,生长不良。

成株期可发生根腐和茎基腐。植株茎基部出现褐色条斑,严重时茎折断枯死,或虽直立不倒但提前枯死。枯死植株青灰色,白穗不实,俗称"青死病"。拔起病株可见根毛和主根表皮脱落,根冠部变黑并黏附土粒。节部发病常使茎秆弯曲,后期病节呈黑色,生霉状物。成株期还会发生严重的叶斑、叶枯和穗腐。

穗部发病在颖壳基部形成水浸状斑,后变褐色,表面覆黑色霉层,穗轴和小穗轴常变褐腐烂,小穗不实或种子不饱满。在高湿条件下,穗颈变褐腐烂,使全穗枯死或掉穗。有的籽粒染病后,胚部或其周围出现深褐色的斑点,或带有浅褐色不连续斑痕,其中央为圆形或椭圆形的灰白色区域,这种斑痕为典型的眼状。

2. 发病规律

病菌以菌丝体或散落于土壤中的分生孢子在病株残体上越冬或越夏,种子、自生麦苗和其他寄主也可以带菌。土壤、病残体和种子带菌为小麦根腐病的主要初侵染菌源,借助气流或雨滴飞溅传播。田间菌源量大、高温、高湿、播期晚、品种抗性差等易造成病害流行。

3. 绿色防控技术

(1)生态调控

①科学播种。播种深度不宜过深并适期早播,避免在土壤过湿、过干条件下播种,可减轻苗期根腐病的为害程度。

②轮作、翻耕灭茬与选用无病种子。轮作与翻耕灭茬是减少田间菌源的有效措施。根腐病严重的地区应与马铃薯、油菜、胡麻、豆类等非禾本科作物轮作。麦收后及时翻耕灭茬,清除田间禾本科杂草,秸秆还田后要及时翻耕将秸秆埋入地下,促进病残体腐烂。另外,选用无病种子也可减少苗期根腐、苗腐的发生。

③合理施肥。施足底肥,有条件的可增施有机肥,以促进出苗,培育壮苗。

④选用抗(耐)病品种。不同小麦品种对该病害的抗性差异较大,选择较抗(耐)病品种是防治该病害的一项有效措施,各地应因地制宜选用抗(耐)病品种。

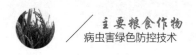
(2)科学用药

①种子处理。通过种子处理来防治苗期根腐和苗腐,可提高种子发芽率、田间保苗数与成穗数。可用三唑酮、代森锰锌、福美双或烯唑醇进行药剂拌种,或用咯菌腈进行种子包衣处理。

②施药防治。对于叶片和穗部病害防治,可用丙环唑、多菌灵、甲基硫菌灵或三唑酮,两种药剂混用如三唑酮+多菌灵可提高防效。

七 小麦茎基腐病

1.症状识别

小麦茎基腐病(图4-7)是由一种或多种真菌引起的病害,病菌一般从根部和根茎接合部侵入,侵染小麦主茎和分蘖茎,然后随着小麦的生长发育扩展至小麦茎基部。小麦苗期受病菌侵染后,幼苗茎基部叶鞘和茎秆变为褐色,严重时引起麦苗发黄死亡,拔节抽穗期感病植株茎基部变为褐色,田间湿度大时茎节处可见红色霉层,成熟期严重的病株产生枯死白穗,籽粒秕瘦甚至无籽,对产量造成极大影响。

图4-7 小麦茎基腐病的田间
为害状

2.发病规律

假禾谷镰孢菌和禾谷镰孢菌主要以菌丝体的形式存活于土壤中或病残体上,黄色镰孢菌以厚坦孢子或分生孢子长期存活于土壤中或病残体上。该病具有多次侵染特点。

3.绿色防控技术

(1)生态调控

①选用抗(耐)病品种。种植抗(耐)病品种是防治小麦茎基腐病的有效措施,各地要根据近几年田间观测和抗性鉴定情况,选择种植适合当地条件的小麦茎基腐病抗(耐)病品种或抗逆性强的品种。

②合理轮作。在常年发病较重的小麦-玉米连作区,每隔2~3年,玉米与大豆、棉花、花生、蔬菜等作物进行轮作,切断菌源连续积累的途径,降低小麦茎基腐病的发生。重病田改种大豆等经济作物。

③适当深翻。小麦-玉米连作秸秆还田地块,秸秆尽量打碎腐熟还田,播前土壤深翻,深度约30厘米,将表层秸秆或残留物翻至土层下,压低病原菌基数,降低病害发生危害。每隔3年深翻1次。

④适期晚播。应根据当地小麦茎基腐病发生情况和天气条件,适当推迟小麦播种时间5~10天,晚播地块需要适当加大播种量并控制播种深度,适宜的播种深度为3~4厘米。

⑤精耕细管。土地深翻后,耙细整平。合理施肥,忌偏施氮肥。天气干旱有利于发病或加重病情,田间管理中需注意及时浇水。

(2)科学用药

①种子处理。秋季小麦播种后至越冬前是小麦茎基腐病病菌侵染的关键时期,采取种子包衣技术或拌种处理是有效预防发病的关键。可结合小麦其他病害的发生情况,选用含有咯菌腈、戊唑醇、种菌唑、苯醚甲环唑、吡唑醚菌酯、氰烯菌酯、丙硫菌唑、氟唑菌酰胺等成分的药剂进行种子处理。

②加强返青期施药预防。在小麦返青早期施药可进一步控制茎基腐病的危害。可结合小麦纹枯病等苗期其他病害的防治,选用含有戊唑醇、氟唑菌酰羟胺、丙环唑、嘧菌酯等成分的药剂喷施小麦茎基部。施药时,注意调低喷头高度和调整喷头方向,适当加大用水量,重点喷小麦茎基部,防治效果更为明显。

八 小麦全蚀病

1.症状识别

小麦全蚀病(图4-8)是由真菌引起的病害,典型的症状是抽穗期至灌浆期呈现的白穗症状和茎基部与根部的黑化症状。病原菌菌丝侵入麦苗后会堵塞根部导管,使小麦下部黄叶增多,麦穗变小并停止生长。苗期感病的植株有时还会出现矮化现象。病原菌在小麦的整个生长期间都能侵染,以成株

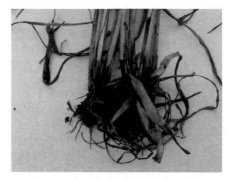

图4-8　小麦全蚀病的田间为害状

期症状最为明显。成株期的症状类似于小麦干旱时的症状。另外,受侵染的麦株形态瘦弱,根部腐烂,很容易从土壤中拔起。

2.发病规律

病原菌以菌丝体在小麦根部以及土壤中的病残组织中越冬。病原菌在土壤病残体上长期存活,通过菌丝侵染寄主,当寄主根部死亡后,以菌丝体在田间小麦残茬上、夏季寄主的根部以及混杂在土壤、麦糠、种子中的病残体组织上越夏。小麦全蚀病是典型的土传病害,主要依靠土壤中病根残茬,混杂有病根、病茎、病叶鞘等残体的粪肥和种子三种途径进行传播。低温、高湿、越冬土壤含菌量大、土壤有机质含量低、品种易感病、播期早等条件下发病重。

3.绿色防控技术

(1)植物检疫

小麦全蚀病是我国重要的植物检疫对象。通过规范、严格的植物检疫流程,可以有效地防止小麦全蚀病在我国各地区传播与蔓延。尤其是产地检疫,要选取无病地块留种,单打单收,严防种子夹带病残体传病。

(2)生态调控

①轮作倒茬。小麦全蚀病病菌主要以菌丝体随病残体在土壤中越夏或越冬。小麦或大麦连作有利于土壤中病原菌积累,病情逐年加重。在重病区实行轮作倒茬是控制小麦全蚀病的有效措施,轻病区合理轮作可延缓病害扩展、蔓延。生产中常用的轮作作物有烟草、薯类、甜菜、胡麻、棉花等。

②耕作栽培。配方施肥,增施有机肥、磷肥,适期晚播。为避开病菌秋季侵染高峰期,要适期晚播,对晚播小麦要增加基肥和播种量,选用适宜晚播品种,确保小麦晚播高产。

(3)科学用药

①种子处理。小麦全蚀病是典型的土传病害,种子包衣和药剂拌种是防治该病害的有效措施。常见药剂有硅噻菌胺、三唑类杀菌剂(三唑酮、三唑醇和烯唑醇)等。硅噻菌胺是目前唯一防治小麦全蚀病的特效药剂,对其他病害基本没有效果。

②适时喷药。在小麦返青拔节期喷浇麦苗。常用于喷洒的药剂有三唑酮、丙环唑、烯唑醇、三唑醇。

▶ 第二节　小麦主要虫害识别与绿色防控技术

一 小麦蚜虫

1.形态特征

我国为害小麦的蚜虫主要有麦二叉蚜、麦长管蚜和禾谷缢管蚜。

麦二叉蚜头胸部为灰褐色,腹部为淡绿色,腹背中央有深绿色纵线,腹管为圆锥形,中等长度,黄绿色。前翅中脉二分叉。

麦长管蚜头胸部为暗绿色或暗色,腹部为黄绿色至浓绿色,背腹两侧有褐斑4~5个。腹管极长,为管状,黑色。前翅中脉三分叉。

禾谷缢管蚜头胸部为暗绿色带紫褐色,触角比体短,腹管为黑色,圆筒形。

2.分布与危害

小麦蚜虫(麦蚜)分布极广,几乎遍及世界各产麦国。

麦蚜的为害包括直接为害和间接为害两种:直接为害指以成、若蚜吸食叶片、茎秆、嫩头和嫩穗的汁液;间接为害指麦蚜在吸食汁液的同时传播小麦病毒病,其中以传播小麦黄矮病为害最大。麦长管蚜多在植物上部叶片正面为害,抽穗灌浆后,迅速增殖,集中穗部为害。麦苗被害后,叶片枯黄,生长停滞,分蘖减少;后期麦株受害后,叶片发黄,麦粒不饱满,严重时麦穗枯白,不能结实,甚至整株枯死(图4-9)。

图4-9　小麦蚜虫的田间为害状

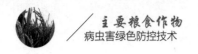

3.发生规律

在适宜的环境条件下,麦蚜都能以无翅型孤雌胎生若蚜生活。麦长管蚜:1年发生20~30代,在南方全年进行孤雌生殖,春、秋两季出现两个高峰,以春季高峰为害较重。麦二叉蚜:生活习性与麦长管蚜相似,1年发生20~30代,每年3—4月随气温回升繁殖扩展,5月上中旬大量繁殖,出现为害高峰,传播并引发小麦黄萎病。禾谷缢管蚜:1年发生10~20代,在北方寒冷地区禾谷缢管蚜以卵在桃、李、榆叶梅、稠李等李属植物上越冬,翌年春季越冬卵孵化后,先在树木上繁殖几代,再迁飞到小麦、玉米等禾本科植物上繁殖为害。秋后产生雌、雄性蚜,交配后在李属树木上越冬。一般早播麦田,蚜虫迁入早,繁殖快,为害重。夏秋作物的种类和面积直接影响麦蚜的越夏和繁殖。若前期多雨、气温低,后期一旦气温升高,常会造成小麦蚜虫的大暴发。

4.绿色防控技术

(1)生态调控

①加强栽培管理。清除田间杂草与自生麦苗,可减少麦蚜的适生地和越夏寄主。冬季适当晚播,春季适时早播,有利于减轻蚜害。

②选用抗虫品种。利用抗虫品种控制麦蚜的发生与为害是一种安全、经济、有效的措施。目前,已筛选出一些具有中等或较强抗性的品种,对麦蚜尤其对麦长管蚜抗性较好。

(2)理化诱控及趋害避害技术

推广应用黄色粘虫板诱杀和银灰色膜避蚜技术。

(3)生物防治

释放食蚜蝇、蚜茧蜂等蚜虫天敌,控制蚜虫为害。

(4)科学用药

对小麦蚜虫发生量超过防治指标(苗期300头/百株,穗期800头/百穗)的田块,可选用吡蚜酮、呋虫胺、高氯·啶虫脒、啶虫脒、氟啶虫胺腈、噻虫嗪、氯噻啉等药剂进行防治,兼治麦田灰飞虱。穗期蚜虫发生数量较大时,可选用噻虫·高氯氟、联苯·噻虫胺、联苯·呋虫胺、联苯·噻虫嗪、联苯·吡虫啉等药剂进行防治。

二 小麦吸浆虫

1.形态特征

我国为害小麦的吸浆虫主要有麦红吸浆虫和麦黄吸浆虫。

麦红吸浆虫雌成虫体长 2 ~ 2.5 毫米,翅展 5 毫米左右,体为橘红色。前翅透明,有 4 条发达翅脉,后翅退化为平衡棒。触角细长,14 节,呈念珠状,上生一圈短环状毛。雄虫体长 2 毫米左右,每节中部收缩使各节呈葫芦结状,膨大部分各生一圈长环状毛。幼虫体长 3 ~ 3.5 毫米,呈椭圆形,橙黄色,头小,无足,前胸腹面有 1 个"Y"形剑骨片,前端分叉,凹陷深。蛹长 2 毫米,裸蛹,呈橙褐色,头前方具白色短毛 2 根和长呼吸管 1 对。卵为长圆形,浅红色。

麦黄吸浆虫幼虫体长 2 ~ 2.5 毫米,呈黄绿色或姜黄色,体表光滑,前胸腹面有剑骨片,剑骨片前端呈弧形浅裂,腹末端生突起 2 个。蛹呈鲜黄色,头端有 1 对较长毛。卵呈香蕉形。

2.分布与危害

麦红吸浆虫多分布在沿江、沿河平原低湿地区,如陕西渭河流域,河南伊洛河流域,淮河两岸,长江、汉水和嘉陵江沿岸的旱作区。麦黄吸浆虫主要分布在高原地区和高山地带,如青海、甘肃、宁夏等地。

小麦吸浆虫主要为害小麦,也可为害大麦、燕麦、黑麦、雀麦等,以幼虫潜伏在颖壳内吸食正在灌浆的麦粒汁液,造成秕粒、空壳(图 4-10)。幼虫还能为害花器、籽实,是一种毁灭性害虫。

图 4-10　小麦吸浆虫的田间为害状

3.发生规律

麦红吸浆虫年生 1 代或多年完成 1 代,以末龄幼虫在土壤中结圆茧越夏或越冬。麦黄吸浆虫年生 1 代,成虫发生较麦红吸浆虫稍早,雌虫把

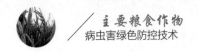
卵产在初抽出的麦穗内、外颖之间,幼虫孵化后为害花器,吸食灌浆的麦粒,老熟幼虫离开麦穗时间早,在土壤中耐湿、耐旱能力低于麦红吸浆虫,其他习性与麦红吸浆虫近似。两种吸浆虫基本上都是1年发生1代,以老熟幼虫在土中结茧越夏和越冬。翌年春季小麦拔节前后,有足够的雨水时,越冬幼虫开始移向土表。小麦孕穗期,幼虫逐渐化蛹;小麦抽穗期成虫盛发,并产卵于麦穗上。

4.绿色防控技术

（1）生态调控

①合理轮作。适时早播和种植晚熟品种使抽穗期和成虫羽化高峰错开,调整作物布局、实行轮作倒茬、茬后深翻耕可有效控制小麦吸浆虫发生。此外,轮作倒茬,麦田连年深耕,小麦与油菜、棉花、水稻以及其他经济作物轮作,可降低虫口数量。

②选用抗虫品种。种植高抗品种对吸浆虫种群有很强的控制能力。一般芒长多刺、麦穗口紧、小穗密集、扬花期短而整齐、果皮厚的品种,不利于吸浆虫成虫产卵和幼虫入侵。

（2）理化诱控

在小麦生长期,通过灯光诱杀和黄板诱集的方法对小麦吸浆虫进行监测和防治,还可以在傍晚时以田间拉网的方式进行捕捉。

（3）科学用药

在成虫盛期,每10复网次有10头以上成虫,或者在一行麦垄间能看到2~3头成虫时,可选用高效氯氟氰菊酯、阿维·吡虫啉、氯氟·吡虫啉、倍硫磷等药剂喷雾防治。

三 小麦红蜘蛛

1.形态特征

我国为害小麦的红蜘蛛主要有麦叶爪螨（麦圆蜘蛛）和麦岩螨（麦长腿蜘蛛）。

麦圆蜘蛛成虫体长0.6~0.9毫米,宽0.4~0.6毫米。4对足,第1对长,第4对居二,第2、第3对等长。具背肛。足、肛门周围呈红色。若螨共4龄。1龄称幼螨,3对足,初浅红色,后变草绿色至黑褐色。2、3、4龄若螨4对足,体似成螨。卵长0.2毫米左右,呈椭圆形,初暗褐色,后变浅红色。

麦长腿蜘蛛成虫体长 0.6～0.8 毫米,体呈纺锤形,两端较尖,紫红色至褐绿色。4 对足,其中第 1、第 4 对特别长。若虫共 3 龄:1 龄称幼螨,3 对足,初为鲜红色,吸食后为黑褐色;2、3 龄有 4 对足,体形似成螨。越夏卵为圆柱形,长约 0.18 毫米,卵壳表面有白色蜡质,顶部覆有白色蜡质物,似草帽状,卵顶具放射形条纹;非越夏卵为球形,粉红色,长约 0.15 毫米,表面生数十条隆起条纹。

2.分布与危害

麦圆蜘蛛分布在我国北纬 29°～37° 地区。麦长腿蜘蛛分布在北纬 34°～43° 地区,主害区为长城以南、黄河以北的干旱、高燥麦区。有些地区两者混合发生、混合为害。

两种麦蜘蛛均为害小麦、大麦。麦圆蜘蛛还为害豌豆、蚕豆、油菜、紫云英等。麦长腿蜘蛛还为害棉花、大豆、桑等。小麦红蜘蛛以成、若虫吸食麦叶汁液,受害叶上出现细小白点,后麦叶变黄,麦株发育不良,植株矮小,严重时全株干枯(图 4-11)。

图 4-11　小麦红蜘蛛的田间为害状

3.发生规律

麦圆蜘蛛年生 2～3 代,即春季繁殖 1 代,秋季 1～2 代,完成 1 个世代需 46～80 天,以成虫、卵或若虫越冬。冬季几乎不休眠,耐寒力强,翌春 2—3 月越冬螨陆续孵化为害。3 月中下旬到 4 月上旬虫口数量大,4 月下旬大部分死亡,成虫把卵产在麦茬或土块上,10 月越夏卵孵化,为害秋播麦苗。

麦长腿蜘蛛年生 3～4 代,以成虫和卵越冬,翌春 2—3 月成虫开始繁殖,越冬卵开始孵化,4—5 月田间虫量多,5 月中下旬后成虫产卵越夏,10

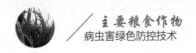
月上中旬越夏卵孵化,为害麦苗。

4.绿色防控技术

(1)生态调控

麦播期进行深耕细耙,精细整地,因地制宜进行轮作倒茬等农业措施,破坏红蜘蛛的适应环境,压低虫口基数。

加强田间管理,施足基肥,增强小麦自生抗病虫的能力,及时进行田间除草。小麦红蜘蛛为害期灌水前先扫动小麦植株,使红蜘蛛假死落地,然后灌水,使红蜘蛛粘于地表死亡。

(2)生物防治

可以释放小麦红蜘蛛的天敌瓢虫、花蝽等,控制小麦红蜘蛛为害。

(3)科学用药

苗期(或冬前)每33.3厘米行长有虫50头(或撒播麦田每0.111平方米有虫75头)以上、小麦返青期每33.3厘米行长有虫200头(或撒播麦田每0.111平方米有虫350头)以上的麦田,可选用联苯菊酯、阿维菌素等喷雾防治。

▶ 第三节　冬小麦田主要杂草识别与绿色防控技术

● 一 禾本科杂草

1.看麦娘

(1)形态特征

秆少数丛生,细瘦,光滑,高可达40厘米(图4-12)。叶鞘光滑,短于节间。叶舌膜质,叶片扁平。圆锥花序为圆柱状,灰绿色,小穗为椭圆形或卵状长圆形,颖膜质,基部互相连合,具脉,脊上有细纤毛,侧脉下部有短毛。外稃膜质,先端钝,花药为橙黄色(图

图4-12　看麦娘

4-12)。以种子进行繁殖,以种子或幼苗越冬。喜生于潮湿地及路边、沟旁。在华北地区,2月中下旬即可发芽出土,5月初开始抽穗、开花,5—6月颖果成熟;在长江中下游地区,8月底9月初开始出苗,10—11月形成出苗高峰,翌年4月底至5月初抽穗、开花,5月中下旬颖果成熟,全生育期120~200天。

(2)分布与危害

我国大部分地区均有分布,主要发生在长江流域、华东、西南、华南及陕西、山西、河北等地。看麦娘与小麦争夺水、肥、光和生长空间,可使小麦减产10%~50%。看麦娘还是稻叶蝉、稻蓟马等害虫的中间寄主。

2.日本看麦娘

(1)形态特征

秆少数丛生,直立或基部膝曲(图4-13)。叶鞘松弛,叶舌膜质。叶片上面粗糙,下面光滑。圆锥花序为圆柱状,小穗为长圆状卵形,颖仅基部互相连合,脊上具纤毛,外稃略长于颖,厚膜质,下部边缘互相连合,近稃体基部伸出,上部粗糙,中部稍膝曲,花药色淡或白色。颖果为半椭圆形。

(2)分布与危害

广东、福建、浙江、广西、陕西、甘肃、云南、贵州、四川、湖南、湖北、江苏、安徽、河南均有分布。常与看麦娘混生,并与牛繁缕、猪殃殃、大巢菜等构成群落,为害麦类、油菜、绿肥和蔬菜等作物。

图4-13 日本看麦娘

3.大穗看麦娘

(1)形态特征

丛生,生长高度达80厘米(图4-14)。叶鞘平滑无毛,有绿色、紫色。长有绿色尖叶,长3~16厘米,质感粗糙。小穗为圆柱形,有黄绿色、淡绿色和紫色,花药可长达2

图4-14 大穗看麦娘

毫米。

(2)分布与危害

近年来,在我国黄淮海区域小麦田大量出现,为害严重。

4.多花黑麦草

(1)形态特征

秆直立或基部偃卧节上生根,高 50 ~ 130 厘米,具 4 ~ 5 节,较细弱至粗壮(图 4-15)。叶鞘疏松。叶舌长达 4 毫米,有时具叶耳。叶片扁平,长 10 ~ 20 厘米,宽 3 ~ 8 毫米,无毛,上面微粗糙。穗形总状花序直立或弯曲,长 15 ~ 30 厘米,宽 5 ~ 8 毫米。穗轴柔软,节间长

图 4-15　多花黑麦草

10 ~ 15 毫米,无毛,上面微粗糙。小穗含 10 ~ 15 小花,长 10 ~ 18 毫米,宽 3 ~ 5 毫米。小穗轴节间长约 1 毫米,平滑无毛。颖披针形,质地较硬,具 5 ~ 7 脉,长 5 ~ 8 毫米,具狭膜质边缘,顶端钝,通常与第一小花等长。外稃为长圆状披针形,长约 6 毫米,具 5 脉,基盘小,顶端膜质透明,具长 5 ~ 15 毫米细芒,或上部小花无芒。内稃约与外稃等长,脊上具纤毛。颖果为长圆形,长为宽的 3 倍。

(2)分布与危害

分布于新疆、陕西、河北、湖南、贵州、云南、四川、江西、安徽等地,主要为害小麦、大麦、油菜等作物,也是小麦黄叶病毒的寄生植物。

5.茵草

(1)形态特征

叶鞘无毛,多长于节间。叶舌透明膜质。叶片扁平,粗糙或下面平滑。分枝稀疏,直立或斜升。小穗扁平,圆形,灰绿色(图 4-16)。颖草质。边缘质薄,白色,背部灰绿色,具淡色的横纹。外稃披针形,常具伸出颖外之短尖头。花药黄色。

图 4-16　茵草

颖果黄褐色,长圆形,先端具丛生短毛。以种子进行繁殖。全生育期为215~240天。

(2)分布与危害

在我国广泛分布,其中长江流域发生较为严重。喜生于地势低洼、土壤黏重的田块。在稻麦轮作区,茵草种子通过稻田自流灌溉、沟渠串灌或大水漫灌,可迅速扩散蔓延。此外,茵草种子常常会黏附在鞋底、衣服和收获机械上传播,还可以随鸟、畜及交通工具传播。茵草是稻茬麦田主要恶性杂草之一,每年可使小麦减产10%~20%。严重时,可使小麦减产50%以上,甚至颗粒无收。此外,茵草还可对油菜等作物造成危害。

6. 野燕麦

(1)形态特征

株高30~150厘米(图4-17)。须根较坚韧。秆单生或丛生,直立或基部膝曲,光滑无毛,具2~4节。叶鞘松弛,光滑或基部被微毛。叶舌透明膜质,长1~5毫米。叶片扁平,长10~30厘米,宽4~12毫米,微粗糙,或上面和边缘疏生柔毛。圆锥花序开展,金字塔形,长10~25厘米。分枝具棱角,粗糙。小穗长18~25毫米,含2~3小花,其柄弯曲下垂,顶端膨胀。小穗轴密生淡棕色或白色硬毛,其节脆硬易断落,第一节间长约3毫米。颖草质,几相等,通常具9脉。外稃质地坚硬,第一外稃长15~20毫米,背面中部以下具淡棕色或白色硬毛。芒自稃体中部稍下处伸出,长2~4厘米,膝曲,芒柱棕色,扭转。颖果被淡棕色柔毛,腹面具纵沟,长6~8毫米。

图4-17 野燕麦

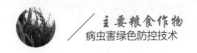

（2）分布与危害

野燕麦是世界恶性农田杂草之一，在我国南岭一线以北地区发生，以秦岭—淮河一线以北地区危害严重，具有很强的种子繁殖与扩散能力，开花结实比小麦早，分蘖能力强，可与农作物争水、争光、争肥，降低作物产量。种子易混杂于作物中，降低作物品质。野燕麦能传播小麦条锈病、叶锈病，还是小麦黄矮病等病毒和多种害虫的中间寄主及越冬越夏的栖息场所。

7. 节节麦

（1）形态特征

秆少数丛生，高20～40厘米（图4-18）。叶鞘包茎，无毛。叶片宽约3毫米，微粗糙，上面疏被柔毛。穗轴具凹陷，成熟时逐节断落。小穗圆柱形，嵌于穗轴凹陷内，长约9毫米。内稃与外稃近等长，脊具纤毛。出苗主要有两个时期：一是10月上中旬至11月初，二是翌年2月下旬至3月。以种子进行繁殖。

（2）分布与危害

主要分布在河北、山东、山西、河南、重庆、陕西等地，一般点片发生地块小麦减产5%～10%，普遍发生地块小麦减产50%～80%，甚至绝收。可随小麦引种、串种、机械跨区作业、水流传播扩散。

图4-18　节节麦

8. 棒头草

（1）形态特征

秆丛生，披散或基部膝曲上升，有时近直立，具4～5节（图4-19）。叶鞘光滑无毛，大都短于或下部长于节间。叶舌膜质，长圆形，常2裂或先端呈不整齐齿裂。叶片扁平、条形，微粗糙或下面光滑。圆锥花序穗状，长圆形或卵形，较疏松，直立，分枝稠密或疏

图4-19　棒头草

松。小穗含1小花,灰绿色或部分带紫色。两颖近等长,颖长圆形,疏被短纤毛,先端2浅裂,芒从裂口处伸出,细直,微粗糙。外稃光滑,先端具微齿,中脉延伸成易脱落的芒。雄蕊3。颖果椭圆形。幼苗第一叶条形,长约3厘米,有裂齿状叶舌,无叶耳,全体光滑无毛。以种子进行繁殖,以种子或幼苗越冬。

(2)分布与危害

在我国,除东北和西北一些地区外,其他各地均有分布。适生于低、湿地或水边,在果园、苗圃及稻田地边亦常见,主要为害麦类、油菜、绿肥和蔬菜等作物。春季出土的棒头草受麦苗荫蔽抑制,生长矮小,对麦苗为害较轻。成熟种子,自然脱落入土,或随流水和风力传播,或通过作物种子调运夹带,在本地和远距离扩散。

二 阔叶杂草

1.猪殃殃

(1)形态特征

高30~90厘米,棱上、叶缘、叶脉上均有倒生小刺毛。叶纸质或近膜质,6~8片轮生,基部渐狭。聚伞花序腋生或顶生,花萼被钩毛,花冠黄绿色或白色(图4-20)。子房被毛,柱头头状,果柄直。以种子进行繁殖,以幼苗或种子越冬。

(2)分布与危害

在我国,多分布于长江流域和黄河中下游地区,东北、西北地区也有发生。适生于湿润而肥沃的农田,尤以稻麦轮作田发生严重。猪殃殃是攀缘作物,不仅和作物争

图4-20　猪殃殃

阳光、争空间,且可引起作物倒伏,造成较大减产,并影响作物收割。主要为害小麦、油菜、绿肥,棉花等作物田亦有发生。猪殃殃对冬小麦的危

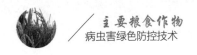
害主要发生在小麦拔节之后。

2.牛繁缕

(1)形态特征

具须根,茎自基部分枝,外倾或上升,下部伏地生根。叶对生,卵形或宽卵形,基部近心形,先端锐尖,全缘,下部叶有柄,上部叶近无柄(图4-21)。单歧聚伞花序顶生枝端或单生于叶腋,苞片叶状,边缘具腺毛。花梗细,密被腺毛。萼片5,卵状披针形或长卵形,基部稍连合。花瓣白色,5枚,2深裂至基部,裂片披针形,先端2齿,裂片与萼片互生。蒴果卵圆形,较宿萼稍长,5瓣裂至中部,裂瓣2齿裂。种子略扁,肾圆形,深褐色,有显著散星状突起。幼苗子叶椭圆形。初生叶2片,卵状心形。以种子和匍匐茎进行繁殖。

图4-21 牛繁缕

(2)分布与危害

在江苏、河南、湖北、湖南、贵州、云南、四川、黑龙江、河北、山西、陕西、甘肃等地广泛分布。生长于低洼湿润农田、路旁、山野等处,常成单一群落或混生。在稻麦轮作田发生较重。主要为害小麦、油菜、蔬菜和绿肥等作物,棉花、豆类、薯类、甜菜田及果园亦有发生。

3.播娘蒿

(1)形态特征

茎直立,圆柱形,高30～120厘米(图4-22)。全体有分叉毛,上部多分枝。叶互生,下部叶有柄,上部叶无柄。叶片窄条形或条状长圆形,2～3回羽状深裂,叶背多毛而灰绿。总状花序顶生,花多数。萼片4枚,直立。花瓣淡黄色,4枚,花梗细长。长角果窄条形,斜展,成熟后开裂。

种子长圆形至近卵形,黄褐色至红褐色。幼苗子叶长椭圆形。初生叶2片,3~5裂。后生叶为2回羽状分裂。以种子进行繁殖,以幼苗或种子越冬。

（2）分布与危害

多生长于农田、渠边、路旁及荒野等地。对麦类、油菜、绿肥、果树为害较重,是华北地区小麦田的主要恶性杂草之一。

4.野老鹳草

（1）形态特征

植株高20~60厘米(图4-23)。

图4-22 播娘蒿

根纤细。茎直立或斜升,密被倒向短柔毛,多分枝。叶片圆肾形,长2~3厘米,宽4~6厘米,掌状5~7裂至近基部,每裂可再3~5裂,两面被短伏毛。基生叶早枯,茎生叶互生或最上部对生。托叶披针形,外被短柔毛。叶柄长为叶片的2~3倍,柄向上逐渐缩短。伞状花序成对或是数个集生于茎端或叶腋,长于叶,被倒生短柔毛和开展的长腺毛。苞片钻状,长3~4毫米,被短柔毛。萼片长卵形或近椭圆形,长5~7毫米,先端急尖,外被短柔毛或沿脉被开展的糙柔毛和腺毛。花瓣淡紫红色,倒卵形,等长或稍长于萼。雄蕊稍短于萼片,中部以下被长糙柔毛。雌蕊稍长于

图4-23 野老鹳草

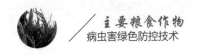
雄蕊,密被糙柔毛。蒴果长约2厘米,被短糙毛,顶端有长喙,成熟时裂开,果瓣由喙上部先裂向上卷曲。种子宽椭圆形,表面有网纹。下胚轴很发达,红色,上胚轴不发育。子叶肾形,长6毫米,宽7毫米,先端微凹,具凸尖,叶基心形,叶缘有睫毛,具叶柄。初生叶与后生叶均为掌状深裂。幼苗除下胚轴外,全株密被短柔毛。野老鹳草以种子进行繁殖,秋冬季至翌年春季出苗。果实成熟炸裂弹出种子,种子有6个月以上的休眠期。

（2）分布与危害

原产美洲,为外来农田杂草。分布于山东、河南、安徽、江苏、上海、浙江、江西、湖南、湖北、四川和云南等地。野老鹳草起初多在田埂、圩堤上零星发生。进入20世纪,由于农田长期大面积单一用药,野老鹳草逐步侵入农田,发生范围逐渐扩大,有愈来愈重的趋势。在局部地区的小麦田及油菜田内,野老鹳草已经成为一种恶性杂草,在大麦田、茶园也有发生。

三 冬小麦田杂草混生绿色防控技术

1.生态调控

（1）精选种子

加强对麦种调入和调出检疫,检查其中是否夹带杂草种子。

（2）加强肥水管理

清洁和过滤灌溉水源,阻止田外杂草种子的输入。施用腐熟土杂粪肥等可有效减轻伴生杂草的危害。

2.科学用药

冬前施药,宜在杂草出苗前或基本出齐时进行;春后杂草防治,严格掌握在小麦拔节前用药。

（1）旱旱轮作麦田

杂草防控以"一杀一补"策略为主。在小麦3～5叶期(冬前),选用甲基二磺隆、异丙隆防治节节麦,选用啶磺草胺、氟唑磺隆及其复配制剂防治雀麦,选用唑啉草酯、炔草酯、三甲苯草酮、啶磺草胺等药剂及其复配制剂防治野燕麦、多花黑麦草,选用双氟磺草胺、2甲4氯钠、氯氟吡氧乙酸、唑草酮、双唑草酮等药剂及其复配制剂防除播娘蒿、荠菜。上茬杂草重发田块,在播后苗前还需要做好土壤封闭处理,可选用吡氟酰草胺、氟噻草胺、异丙隆、砜吡草唑等药剂及其复配制剂。

(2)水旱轮作麦田

杂草防控采用"一封一杀"策略。播后苗前,选用氟噻草胺、吡氟酰草胺、异丙隆等药剂及其复配制剂,或单选氟噻·吡酰·呋等药剂进行土壤封闭处理。小麦3~6叶期、杂草3~4叶期(冬前或早春),选用唑啉草酯、炔草酯、氟唑磺隆、啶磺草胺、环吡氟草酮等药剂及其复配制剂防治看麦娘、日本看麦娘,选用唑啉草酯、甲基二磺隆与异丙隆复配制剂防治菵草、硬草,选用氯氟吡氧乙酸、灭草松、氟氯吡啶酯、苯磺隆、双氟磺草胺等药剂及其复配制剂防除猪殃殃、牛繁缕等阔叶杂草。

▶ 第四节 小麦全生育期病虫害绿色防控技术体系

一 防控策略

贯彻"预防为主,综合防治"的植保方针和"公共植保、绿色植保、科学植保"的工作理念,优化调整小麦种植布局,实施土壤深翻和秸秆深埋压低菌量基数,推广种植良种,科学田间管理。重点实施以"一拌一除一喷"的小麦全生育期病虫害绿色防控技术,实现农药减量控害。播前进行药剂拌种或种子包衣,防治苗期病虫害和地下害虫。化学除草以越冬前封闭除草或茎叶除草为主,年后拔节前补治。在抽穗扬花初期实施以防治赤霉病为核心,兼顾防治白粉病、锈病、蚜虫等的综合防控措施。

二 防控对象

主要防控对象为"两虫四病"(蚜虫、麦蜘蛛、赤霉病、纹枯病、锈病、白粉病)和麦田杂草,其次为根腐病、茎基腐病等。

三 防控措施

(1)播种前

①轮作倒茬。在全蚀病、孢囊线虫病、黄花叶病毒病、小麦吸浆虫等

严重发生区,与水稻、棉花、油菜、大豆、豌豆、三叶草、苜蓿等非寄主作物轮作2～3年,以减轻病虫害。

②规范整地。玉米、水稻秸秆还田做到"切碎、撒匀、深埋、压实"。抓好以深耕(深松)、整细、镇压为核心的高质量、规范化整地,提高整地质量,打好麦播基础。坚持间隔2～3年深耕1次。稻茬麦区要做好三沟配套排水降湿工作。

③精选良种。选用抗(耐)病品种,购买合法的健康种子,并进一步对麦种进行精选。

④种子处理。在选用抗性品种的基础上,根据当地小麦常年病虫发生情况,选用种子处理剂(苯醚·咯·噻虫、烯肟·苯·噻虫、氟环·咯·噻虫、嘧·咪·噻虫嗪、戊唑·吡虫啉等)进行种子包衣或药剂拌种,防治苗期病害和地下害虫。

⑤适时播种。针对小麦锈病、纹枯病、根腐病等,采用适当迟播的方式减轻秋苗发病。对小麦孢囊线虫发生严重地块,适当早播,培育壮苗。播后镇压,踏实土壤,增强种子与土壤的接触度,提高出苗率,同时对小麦孢囊线虫有一定的抑制作用。

(2)冬前除草

根据当地草相,在播种后2～3天内,选用合适的除草剂(如氟噻·吡酰·呋·异丙隆等)进行封闭除草;在冬前或早春的晴好天气时,选用唑啉草酯、炔草酯、氟唑磺隆、啶磺草胺、环吡氟草酮等药剂及其复配制剂防治日本看麦娘、看麦娘,选用甲基二磺隆与异丙隆复配制剂防治菵草、硬草;选用氯氟吡氧乙酸、灭草松、苯磺隆、氟氯吡啶酯、双氟磺草胺等药剂及其复配制剂防除猪殃殃、牛繁缕等阔叶杂草;若田间节节麦发生较重,可选用甲基二磺隆进行防控;对于冬前未除草或草害严重地块,小麦拔节前补治。严防低温等不良天气条件造成除草剂药害。

(3)小麦返青拔节期

主治小麦纹枯病、麦蜘蛛等。防治纹枯病可选用井冈·蜡芽菌、苯甲·丙环唑、噻呋酰胺等药剂,于上午有露水时施药,适当增加用水量,使药液达到麦株基部。重病区首次施药后10天左右再防治1次。遇涝时及时清沟沥水,降低田间湿度,减轻病害发生程度。达标防治麦蜘蛛可选用联苯菊酯、阿维菌素等药剂。田间出现条锈病发病中心或条锈病、白粉病发生较重的田块,要立即围歼防治,控制其蔓延。

(4)小麦齐穗灌浆期

防治适期内预防和达标防治小麦穗期病虫,主治小麦赤霉病和穗期蚜虫,兼治锈病、白粉病。小麦赤霉病防治可选择丙硫菌唑、氰烯菌酯、氟唑菌酰羟胺、戊唑醇等单剂或复配制剂。于齐穗至扬花期(见花打药)开展第一次预防,药液量要足,突出预防和兼治病害作用;施药后5天左右开展第二次预防,突出预防病害和控制生物毒素。同时,注重对小麦锈病、白粉病、蚜虫的兼治。防治锈病、白粉病可选用烯唑醇、三唑酮、丙环唑、腈菌唑、醚菌酯、氟环唑等药剂,防治蚜虫可选用吡蚜酮、呋虫胺、氟啶虫胺腈、噻虫嗪等药剂。同时,增施植物免疫诱抗剂或叶面肥等,增强植株抗逆性,预防干热风和增加产量。

第五章　玉米主要病虫害识别与绿色防控技术

第一节　玉米主要病害识别与绿色防控技术

一　玉米南方锈病

1.症状识别

玉米南方锈病(图5-1)是由真菌引起的病害,该病菌主要侵染玉米的叶片、叶鞘、苞叶等部位。病害发生初期叶片上会出现淡黄色小斑点,很快扩展为大小不一的褪绿斑点,斑点上隆起一个或多个圆形或椭圆形疱斑,疱斑表皮破裂散出橘黄色、深黄色或铁锈色的夏孢子,呈堆状,称为夏孢子堆。叶片的正反两面均可出现孢子堆,背面的孢子堆较少,通常靠近叶脉。严重时多个病斑连接成片,叶片干枯甚至整株布满病斑枯死。叶鞘上的病斑通常为线状开裂,孢子堆呈长椭圆形或者不规则形。

图5-1　玉米南方锈病的田间为害状

2.发病规律

玉米南方锈病是一种气流传播的大区域发生和流行的病害,主要发生在低纬度地区。玉米南方锈菌以夏孢子反复传播,完成其病害的周年循环。因夏孢子在田间存活时间不足1个月,不能越冬成为翌年初侵染源,所以推测该菌在当地不能越冬,夏孢子是从南方随气流远距离传播。玉米南方锈病在高温高湿的环境下发生严重,以27℃为最适发病温度。夏孢子在24~28℃萌发最好,从孢子发芽侵入到产生新的夏孢子经历7~10天。在持续阴雨天气,相对湿度超过90%,温度为24~28℃的条件下,极易造成病害流行。偏施或多施氮肥、地势低洼、种植密度大、通风透气差的地块发病严重。玉米从苗期到乳熟期都会感病,而且苗期感病最重,常造成死苗。

3.绿色防控技术

(1)生态调控

①选用抗病品种。目前生产上抗南方锈病的品种较少,较抗南方锈病的杂交种有登海618、鑫玉88、中科玉505、登海605、金海702、源玉66、京农科738和荣玉1410等。

②加强水肥管理。增施有机肥,提高土壤肥力,合理施用微量元素配方肥和氮、磷、钾肥,培育壮苗,提高抗病性。

(2)加强预测预报

关注生产季节的气候状况,比如台风、雨水和温度等,判断是否有利于病害发生。

(3)科学用药

目前无登记的化学药剂,可用含有戊唑醇、三唑酮(粉锈宁)、丙环唑、吡唑醚菌酯、氟嘧菌酯等成分的药剂在傍晚喷施,连续喷施2~3次,可有效控制病情。

二 玉米弯孢霉叶斑病

1.症状识别

玉米弯孢霉叶斑病(图5-2)是由真菌引起的病害,又称螺霉病、黄斑病、拟眼斑病、黑霉病等,主要为害叶片。发病初期病斑呈水渍状褪绿小点,形成的病斑为卵圆形或梭形,病斑外面为淡黄色晕圈,次外层为红褐

色圈,中央呈灰白色,似"眼"状,有时有同心轮纹,在病部产生灰黑色霉层。在田间空气潮湿的条件下,叶片病斑两面均可产生灰黑色霉层。当病斑数量达到一定程度时连接成片,叶片枯死。依据病斑大小、颜色、形状及产孢情况将症状分为3种类型。小斑型:病斑较小,大小为1~2毫米,呈椭圆形、圆形或不规则形,中间呈苍白色或淡褐色,边缘有较细的褐色环带或没有明显的环带,最外围有较细的半透明晕圈。中间斑型:病斑小,大小为1~2毫米,呈圆形、长条形、椭圆形或不规则形,中央呈苍白色或淡

图5-2 玉米弯孢霉叶斑病的田间为害状

褐色,边缘褐色环带窄或宽,最外围有明显的褪绿晕圈。大斑型:病斑较大,宽1~2毫米,长2~5毫米,呈圆形、长条形、椭圆形或不规则形,中央呈苍白色或黄褐色,边缘具有较宽的褐色环带,最外围具有较宽的半透明黄色晕圈,发生严重时,多个病斑相连成大斑,即形成叶片坏死区。

2.发病规律

病原菌主要以菌丝体或分生孢子在病株残体中越冬,田间病残体或未腐熟的农家肥中混杂的病残体是玉米弯孢霉叶斑病的主要初侵染源。玉米弯孢霉叶斑病的病原菌寄主范围很广,可寄生在小麦、高粱和田间杂草上,致使这些植物发病。分生孢子可借助气流或者雨水传播。在田间,玉米9~13叶期容易感染该病,抽雄后是该病发生流行的高峰期。因苗期的抗性高于成株期,所以苗期很少发生。一般发病开始于7月底至8月初,玉米弯孢霉叶斑病发生的时期和危害程度与空气相对湿度、降水量、连续降水日数密切相关。玉米种植过密、偏施氮肥、防治失时或不防治、管理粗放、地势低洼积水和连作的地块发病重。

3.绿色防控技术

（1）生态调控

①种植抗病品种。种植抗病品种是控制玉米弯孢霉叶斑病发生流行的一项经济、有效的措施。

②清除病残体。病菌易在地表或浅层土壤的病残体上越冬，因此对于病害常发区和重病区，应在玉米收获后，趁含水量高时将秸秆粉碎深翻还田，加快病残体的腐烂，创造不利于病菌越冬的环境，减少来年初侵染菌源。尽量避免采用玉米秸秆免耕覆盖方式还田或者在来年春季清理秸秆的耕作方式。

（2）科学用药

目前无登记的化学药剂。生产上多选用含苯醚甲环唑、丙环唑、氟环唑、氟菌唑、吡唑醚菌酯等有效成分的化学药剂，施药1次即可达到较好的防治效果。

三 玉米褐斑病

1.症状识别

玉米褐斑病（图5-3）是由真菌引起的病害，一般在苗期不表现症状，多在抽穗期至乳熟期显症。前期病斑多发生在叶片上，中后期在叶鞘和茎秆上病斑数量明显增多，以叶鞘和叶片连接处病斑最多，病斑易密集成行。病斑先在顶部叶片尖端发生，最初为黄褐色或红褐色小斑点，随着病程进展，小病斑融合成大病斑，呈不规则形。严重时，叶片上几段甚至全部布满病

图5-3　玉米褐斑病的田间为害状

斑。在叶鞘和叶脉上出现较大的褐色斑点，发病后期病斑表皮组织易破裂，叶片细胞组织呈坏死状，散出黄褐色粉末，叶片干枯，叶脉和维管束残存如丝状。茎秆发病多发生在茎节附近，遇风易倒折。

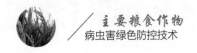
2.发病规律

以休眠孢子囊在土壤或病残体中越冬,翌年靠气流传播到玉米植株上,当条件适宜时萌发产生大量的游动孢子。孢子在叶片表面的水滴中游动,并形成侵染丝,侵入为害。玉米种植密度大、植株长势弱的田块发病较重,种植密度较小、植株生长健壮的田块发病较轻;地力贫瘠的田块发病较重,肥力高的田块发病较轻;地势低洼、田间积水的田块发病较重。一般玉米抽雄前后多阵雨、气温较高、田间湿度较大,是造成玉米褐斑病在多地发生与蔓延的主要原因。连作使田间积累了大量病原菌,是病害加重发生的重要原因之一。

3.绿色防控技术

(1)生态调控

①合理密植。根据气候条件、地力及玉米品种确定种植密度,丰产田选择品种推荐密度上限,低产田选择品种推荐密度下限。

②加强肥水管理。科学灌溉及施肥,控制田间湿度,及时排除田间积水,在褐斑病显症初期,应立即增施钾肥或喷施叶面肥。

③清除菌源。及时清除田间杂草和自生麦苗,促进植株健壮生长,增强植株抗病性。与其他作物轮作倒茬,有效降低土壤中病菌的存活量。玉米收获后,及时清除田间病残体,以减少褐斑病的初侵染源。

④种植抗(耐)病品种。

(2)科学用药

目前无登记的化学药剂。生产上多用含有丙环唑、苯醚甲环唑、戊唑醇、三唑酮(粉锈宁)等有效成分的药剂进行防治,每隔7~10天喷1次,连续喷药2次,可显著降低田间发病率和控制病情的进一步扩展。

(四)玉米纹枯病

1.症状识别

玉米纹枯病(图5-4)是由真菌引起的病害,主要侵害叶鞘,其次为害叶片、果穗及苞叶。发病严重时,能侵入坚实的茎秆,一般不引起倒伏。该病害从玉米苗期至生长后期均可发病,主要发生在抽雄至灌浆期,苗期和生长后期很少发生。发病初期,先出现水渍状的圆形、椭圆形或不规则形病斑,病斑中央先由灰绿色逐渐变成白色至淡黄色,后期变成灰褐色,边缘深褐色,常多个病斑扩大连成片,呈云纹状斑块,包围整个叶鞘,使叶鞘腐败,并引起叶枯。雌穗受到危害,苞叶颜色由浓绿色变为灰白色,最后干枯变成枯黄色,穗轴逐渐干枯,籽粒、穗轴均变褐腐烂,在发病中期可以看到一层白色粉状物。茎秆被危害,出现褐色病斑,呈不规则形,后期露出纤维。在潮湿环境下,病斑上常会出现很多白霉,即菌丝体。当环境条件适宜时,病斑迅速扩大,叶片萎蔫,植株像被开水烫过一样呈绿色腐烂而枯死。

图5-4　玉米纹枯病的田间为害状

2.发病规律

病原菌以菌丝和菌核在病残体或土壤中越冬。翌年当温度、湿度条件适宜时,越冬菌核开始萌发产生菌丝,首先从玉米基部的叶鞘缝隙侵入叶鞘内侧,从而引起发病。发病部位长出气生菌丝,向病组织周围扩展,通过叶片接触向邻近植株蔓延,从而引起再侵染。病部形成的菌核落入土壤,可通过雨水的反溅引起再侵染。

影响玉米纹枯病发生流行的因素包括气候、玉米品种抗性程度、耕作栽培措施等。气候因素对纹枯病的扩展有重要影响,病害发生期雨日多、湿度高,病情发展快。气温在25～30℃、相对湿度在90%以上是玉米纹枯病发生的适宜气候条件。

3.绿色防控技术

(1)生态调控

①合理密植。严格按照品种推荐密度种植。

②加强肥水管理。科学施肥提高玉米抗性,注意排水,降低田间相对湿度,创造不利于病菌发生的条件以减轻发病。

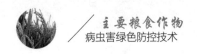
③种植抗病品种。近年来审定的金博士885、隆单1701等品种对纹枯病的抗性达到抗病级别,主推品种中汉单777、津单288等达到中抗水平。

（2）科学用药

用有效成分为噻呋酰胺的种衣剂进行种子包衣处理。在玉米纹枯病发生初期,喷施井冈霉素或噻呋酰胺,间隔7～10天喷施1次,连喷2～3次。在玉米不同生育期和病害不同严重度下施药均有一定的防效。

五 玉米大斑病

1.症状识别

玉米大斑病(图5-5)主要由真菌引起,又称长蠕孢菌叶斑病、煤霉病、煤纹病、枯叶病、条斑病、叶斑病。玉米整个生育期均可发病,通常苗期侵染对玉米影响较小,拔节期或抽穗期以后发病较重。主要为害叶片,严重时波及叶鞘、苞叶和籽粒。田间发病始于下部叶片,逐渐向上发展,也有从中上部叶片开始发病的。发病初期,叶片上产生褪绿型或萎蔫型病斑,出现小椭圆形黄色或青灰色水渍状斑点,逐渐沿叶脉扩展,不受叶脉限制,形成中央黄褐色、边缘深褐色的梭形或纺锤形大斑。后期病斑中央常有纵裂,发病严重时叶片上的病斑连成片,常导致整叶枯死。湿度大时,病斑上产生灰黑色霉状

图5-5　玉米大斑病的田间
为害状

物。叶鞘和苞叶染病,多呈不规则的水渍状病斑,潮湿时,病部可见黑褐色霉层。

2.发病规律

玉米大斑病病原菌以菌丝体在病株残体内安全越冬,翌年当环境条件适宜时产生分生孢子进行传播。病组织新产生的分生孢子借气流和雨水传播,当湿度大、有重雾或叶面有游离水存在时,分生孢子48小时即能从孢子两端细胞萌发产生芽管,形成附着胞与侵入丝穿透寄主表皮,

或从气孔侵入叶片表皮细胞进行扩展蔓延,从而破坏寄主组织形成病斑,病斑上产生的分生孢子进行多次再侵染,造成病害流行。玉米大斑病流行程度除与玉米品种的感病性有关外,主要取决于环境条件,尤以温度和湿度影响最大。温度在20~25℃、相对湿度在90%以上有利于病害的发生、发展。从拔节期到抽穗期,如遇多雨、多雾或连续阴雨天气,则有利于病害流行。病害发生与播种期也有一定关系,一般播种越早,发病越轻。

3.绿色防控技术

(1)生态调控

①清除菌源。在病害常发区和重病区,应在玉米收获后,及时将农田内外的病残体清除,集中处理或粉碎深翻,以减少来年的初侵染源。

②合理密植。严格按照种子说明中公示的密度种植,不随意提高种植密度,保证田间通风透光良好。

③加强肥水管理。适当提高氮肥的施用量,完善田间灌水、排水设施,防止干旱和涝灾,在雨后及时排水,避免田间湿度长期居高不下。

④种植抗病品种。在种植抗病品种时要注意品种的合理搭配与布局,避免长期种植单一品种,导致品种抗性丧失。

(2)科学用药

在防治适期,按照药剂使用说明科学用药。常用药剂有吡唑醚菌酯、唑醚·氟环唑、代森铵、肟菌·戊唑醇、丙环·嘧菌酯等,于傍晚对叶面喷施1~2次,间隔7~10天。

六 玉米小斑病

1.症状识别

玉米小斑病(图5-6)是由真菌引起的病害,该病一般从植株下部叶片开始发病,逐渐向中上部蔓延。病斑初期为水渍状半透明小斑点,随着病情发展,病斑逐步扩大。成熟病斑主要有3种类型。条形病斑:受叶脉限制,两端呈弧形或平截,

图5-6　玉米小斑病的田间为害状

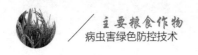

病斑为黄褐色到灰褐色,边缘深褐色,有时出现轮纹,湿度大时病斑上产生灰黑色霉层,生产上条形病斑最为常见,抗病品种上病斑较窄,感病品种上病斑较宽。梭形病斑:不受叶脉限制,呈梭形、纺锤形或椭圆形,病斑相对较小,病斑呈现黄褐色或褐色。点状病斑:病斑为点状,黄褐色或褐色,边缘深褐色,周围有褪绿晕圈,主要发生在抗病品种上。

2.发病规律

玉米小斑病病原菌主要以菌丝体在病残体内越冬,分生孢子也可越冬。因此,前一年玉米收获后遗留在田间地头和玉米秸垛中尚未腐解的病残体成为翌年玉米小斑病的初侵染源。一般情况下,种子表面带菌率很低,构成侵染源的可能性很小。该病菌分生孢子借气流和雨水传播,侵染玉米后在病株上产生分生孢子进行再侵染,遇高温或高湿条件,病情迅速扩展。特别在7—8月,降水量多、降雨日数多、相对湿度大、排水不良的地块发病严重。另外,土壤缺钾、施氮肥少、播种迟、连茬的地块发病也很严重。

3.绿色防控技术

(1)生态调控

①种植抗病品种。推广高产、优质、多抗的玉米杂交种是防病增产的重要措施。各地应根据当地条件选用和推广适应当地种植的高产抗病杂交种,以减轻玉米小斑病的发生与为害。

②减少越冬菌源。玉米小斑病发生严重的地块要及时打除底叶,玉米收获后要及时消灭遗留在田间的病残体,秸秆不要留在田间地头。

③加强肥水管理。在施足基肥的基础上,及时进行追肥,氮、磷、钾肥合理配合施用,尤其要避免拔节期和抽穗期脱肥。

④加强栽培管理。适期早播,合理间作套种或实施宽窄行种植,做好中耕除草等管理工作。

(2)科学用药

一般在玉米心叶末期到抽丝期对叶面喷施农药,常用的药剂有甲基硫菌灵、代森锰锌、百菌清、肟菌·戊唑醇、异菌脲或吡唑醚菌酯等,间隔7～10天喷1次,连续喷2～3次。

七 玉米穗腐病

1.症状识别

玉米穗腐病(图5-7)是由多种病原菌复合侵染所致,主要特点有发病范围广、病原菌种类多、侵染方式复杂。玉米在吐丝期、抽雄期、灌浆期、成熟期、贮藏期均可发病,病原菌可侵染花丝、苞叶、果穗、籽粒,造成多种症状类型。果穗受侵染后多从顶端开始发病,逐渐向下蔓延,造成整个果穗受害,果穗顶部或中部受害最重。剥离苞叶常可见籽粒和穗轴上长满粉红色、白色、橘色、绿色、淡灰色、黑色等颜色的霉状物,穗轴与籽粒基部呈紫红色。严重时,果穗松软,穗轴呈黑褐色,穗部霉烂变软易折断。籽粒受侵染后主要从胚部开始发病,后逐渐蔓延到顶部,病粒皱缩瘪小,表面光泽暗淡。严重时整个籽粒内充满菌丝体,腐烂霉变,种皮易破裂。霉变种子脱粒后进入仓储阶段,籽粒外长出白色、粉红色、黑色等颜色的霉状物,种子堆内伴有发霉的气味,部分籽粒质脆,易烂而破碎。

图5-7 玉米穗腐病的田间为害状

2.发病规律

病原菌主要以菌丝、分生孢子、厚垣孢子等潜伏在田间土壤、种子、病残体中,成为玉米下一个生长时期的初侵染源。病原菌可通过气流和雨水传播,侵染果穗花丝,经花丝通道侵染雌穗;通过虫伤、机械损伤等造成的伤口侵染玉米果穗。种子或土壤病原菌先侵染玉米根部,然后沿维管束系统通过茎到达穗部,造成系统侵染。

3.绿色防控技术

(1)生态调控

①合理密植。根据玉米品种公示密度合理密植,保证良好的通风

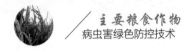

条件。

②科学施肥。适时追肥,提高植株对病原菌的抗性。

③种植抗病品种。目前生产上的品种对禾谷镰孢的抗性均较差,大部分在感病和高感之间。对拟轮枝镰孢菌的抗性普遍较好,以中抗为主。对黄曲霉的抗性以高抗和抗病为主。

(2)科学用药

目前无登记的化学药剂。在玉米吐丝期,可以用含有异菌脲、井冈霉素、代森锰锌、苯并咪唑、甲基硫菌灵、苯醚甲环唑、噻呋酰胺、戊唑醇、咪鲜胺、噁霉灵等有效成分的药剂喷雾。喷施杀菌剂的同时喷施杀虫剂(如氯虫苯甲酰胺)防治穗部害虫,减少伤口,降低穗腐病的发病率。玉米播种前进行种子处理对玉米穗腐病有一定防效。

第二节　玉米主要虫害识别与绿色防控技术

一 草地贪夜蛾

1.形态特征

草地贪夜蛾(图5-8)成虫翅展32~40毫米,前翅深棕色,后翅白色,边缘有窄褐色带。雌蛾前翅呈灰褐色或灰色棕色杂色,具环形纹和肾形纹,轮廓线黄褐色;雄蛾前翅灰棕色,翅顶角向内各具一大白斑,环状纹后侧各具一浅色带自翅外缘至中室,肾形纹内侧各具一白色楔形纹。卵呈圆顶状半球形,直径约为4毫米,高约3毫米,卵块聚产在叶片表面,每个卵块含卵100~300粒,有时呈"Z"层。卵块表面有雌虫腹部灰色绒毛状的分泌物覆盖形成的带状保护层。刚产下的卵呈绿灰色,12小时后转为棕色,孵化前则接近黑色。幼虫的头部有一倒"Y"形的白色缝线。生长时,仍保持绿色或成为浅黄色,并具黑色背中线和气门线。末龄幼虫在迁移期几乎为黑色。老熟幼虫体长35~40毫米,在头部具黄色倒"Y"形斑,黑色背毛片着生原生刚毛(每节背中线两侧有2根刚毛)。腹部末节有呈正方形排列的4个黑斑。蛹的颜色为红棕色,有光泽,长度为14~18毫米,宽度约为4.5毫米。

A.卵　B.C.D.E.幼虫　F.蛹　G.雌虫　H.雄虫

图5-8　草地贪夜蛾的虫态

2.分布与危害

草地贪夜蛾自2019年1月由东南亚侵入我国云南、广西,目前在全国各地的玉米种植区均有发生(图5-9)。

草地贪夜蛾可取食350多种植物,最常取食的植物有田间玉米、高粱、小麦和杂草。幼虫取食叶片可造成落叶,其后转移为害。有时大量幼虫以切根方式为害,切断种苗和幼小植株的茎,造成很大损失。在大一些的作物上,如玉米穗,幼虫可钻入为害。取食玉米叶时,留有大量孔洞。低龄幼虫取食后,叶脉呈窗纱状。老龄幼虫同切根虫一样,可将30日龄的幼苗沿基部切断。种群数量大时,幼虫如行军状,成群扩散。环境有利时,常留在杂草中。

图5-9 草地贪夜蛾的田间为害状

3.发生规律

草地贪夜蛾在广东、云南等地可周年繁殖,形成我国中、北部地区的虫源。每年4—5月迁入长江中下游地区,繁殖后可继续向北至华北等地迁飞。年发生4~6代,主要为害玉米,也可在9—10月份为害小麦苗,秋季回迁。

4.绿色防控技术

(1)生态调控

在玉米产区要尽可能地减少不同生育期玉米混作,减少桥梁过渡田;夏玉米种植区要因地制宜推广玉米、大豆带状复合种植,或使玉米与其他豆类、瓜类等间作套种,形成生态阻截带;玉米收获后及时翻耕压茬,灭除玉米自生苗,减少虫源数量;适期推迟冬小麦播期,切断草地贪夜蛾食物链。

(2)理化诱控

在成虫发生高峰期,采取灯诱、性诱、食诱等措施诱杀成虫、干扰交配,减少田间落卵量。在玉米集中连片种植区,按照每亩设置1个性诱捕器的标准(集中连片面积超过1 000亩,可按1.5~2亩1个诱捕器标准设置),诱捕器悬挂高度要高于玉米植株20厘米左右,根据诱芯持效期,及时更换诱芯,在玉米全生育期保持较好的诱杀效果。在田边、地角、杂草分布区,可以适当增加性诱捕器设置密度。

(3)生物防治

作物全生育期注意保护和利用寄生蜂、寄生蝇等寄生性天敌和蜡类、瓢虫、步甲等捕食性天敌,在田边地头种植芝麻、波斯菊等显花植物或大豆、秋葵等经济作物,营造有利于天敌栖息的生态环境。在草地贪夜蛾卵期积极开展人工释放赤眼蜂等天敌昆虫控害技术。在低龄幼虫期,选用甘蓝夜蛾核型多角体病毒、苏云金杆菌、金龟子绿僵菌、球子包白僵菌、短稳杆菌、印楝素等生物农药,持续控制草地贪夜蛾种群数量。

(4)科学用药

当田间玉米被害株率或低龄幼虫量达到防治指标时(玉米苗期、大喇叭口期、成株期防治指标分别为被害株率5%、20%和10%;对于世代重叠、危害持续时间长、需多次施药防治的田块,可采用百株虫量10头的指标),选用氯虫苯甲酰胺、乙基多杀菌素、虱螨脲等高效低风险农药。施药宜在清晨或傍晚,重点喷洒在玉米心叶、雄穗或雌穗等关键部位。

二 玉米螟

1.形态特征

玉米螟(图5-10)成虫体背为黄褐色,前翅内横线为黄褐色波状纹,外横线为暗褐色,呈锯齿状纹。雌蛾体长14～15毫米,翅展28～34毫米,体呈鲜黄色,各条线纹呈红褐色。卵呈扁平椭圆形,长约1毫米,宽0.8毫米。数粒至数十粒组成卵块,呈鱼鳞状排列,初为乳白色,渐变为黄白色,孵化前卵的一部分为黑褐色(为幼虫头部,称黑头期)。老熟幼虫,体长20～30毫米,呈圆筒形,头为黑褐色,背部为淡灰色或略带淡红褐色,幼虫中、后胸背面各有一排4个圆形毛片,腹部1～8节背面前方有一排4个圆形毛片,后方两个,较前排稍小。蛹长15～18毫米,呈红褐色或黄褐色,纺锤形。腹部背面1～7节有横皱纹,3～7节有褐色小齿,横列,5～6节腹面各有腹足遗迹1对。尾端臀棘黑褐色,尖端有5～8根钩刺,

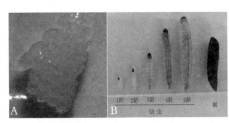
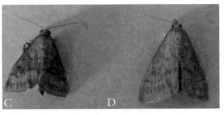

A.卵　B.幼虫与蛹　C.雄虫　D.雌虫

图5-10　玉米螟的虫态

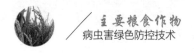

缠连于丝上,黏附于虫道蛹室内壁。

2.分布与危害

玉米螟广泛分布于我国各地玉米种植区,是玉米主要害虫之一。玉米螟主要为害玉米、高粱、谷子,也能为害棉花、大麻、甘蔗、向日葵、水稻、甜菜、甘薯、豆类等作物(图5-11)。玉米螟主要以幼虫蛀茎为害,破坏茎秆组织,影响养分运输,使植株受损,严重时茎秆遇风折断。

图5-11 玉米螟的田间为害状

3.发生规律

玉米螟在我国的年发生代数随纬度的变化而变化,1年可发生1~7代。各个世代以及每个虫态的发生期因地而异。在同一发生区也因年度间的气温变化而略有差别。通常情况下,第一代玉米螟的卵盛发期在1~3代区大致为春玉米心叶期,幼虫蛀茎盛期为玉米雌穗抽丝期,第二代卵和幼虫的发生盛期在2~3代区大体为春玉米穗期和夏玉米心叶期,第三代卵和幼虫的发生期在3代区为夏玉米穗期。玉米螟喜中湿,高温、干燥的气候是其发生的限制因素。

4.绿色防控技术

(1)生物防治

玉米螟的天敌种类很多,主要有寄生卵的赤眼蜂、黑卵蜂,寄生幼虫的寄生蝇等。捕食性天敌有瓢虫、步行虫、草蜻蛉等,都对虫口有一定的抑制作用。

(2)理化诱控

越冬代成虫羽化期使用杀虫灯结合性诱剂诱杀。

（3）科学用药

于玉米心叶末期（大喇叭口期）花叶株率为5%～10%时进行挑治，花叶株率为10%以上时进行普治，花叶株率超过20%或百株玉米累计有卵30块以上，选用氯虫苯甲酰胺、高效氯氟氰菊酯等杀虫剂，连防2次。

三 玉米黏虫

1.形态特征

我国玉米上发生的黏虫（图5-12）主要有劳氏黏虫和东方黏虫。成虫体色为淡黄色或淡灰褐色，体长17～20毫米，翅展35～45毫米，触角为丝状，前翅中央近前缘有2个淡黄色圆斑，外侧环形圆斑较大，后翅正面呈暗褐色，反面呈淡褐色，缘毛呈白色，由翅尖向斜后方有1条暗色条纹，中室下角处有1个小白点，白点两侧各有1个小黑点。雄蛾较小，体色较深，其尾端经挤压后，可伸出1对鳃盖形的抱握器，抱握器顶端具1长刺，这一特征是有别于其他近似种的主要特征。雌蛾腹部末端有一尖形的产卵器。黏虫卵为半球形，直径约0.5毫米，初产时为乳白色，表面有网状脊纹，孵化前呈黄褐色至黑褐色。卵粒单层排列成行，但不整齐，常夹于叶鞘缝内或枯叶卷内，在水稻和谷子叶片尖端上产卵时常卷成卵棒。老熟幼虫体长38～40毫米，头呈黄褐色至淡红褐色，正面有近"八"字形黑褐色纵纹。体色多变，背面底色有黄褐色、淡绿色、黑褐色至黑色。体背有5条纵线，背中线白色，边缘有细黑线，两侧各有2条极明显的浅色宽纵带，上方1条呈红褐色，下方1条呈黄白色、黄褐色或近红褐色。

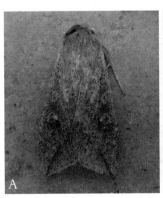

A.成虫　B.幼虫

图5-12　玉米黏虫的虫态

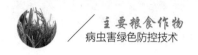

两纵带边缘饰灰白色细线。腹面为淡黄色,腹足外侧有黑褐色斑。腹足趾钩呈半环形排列。蛹为红褐色,体长17~23毫米,腹部第五、六、七节背面近前缘处有横列的马蹄形刻点,中央刻点大而密,两侧渐稀,尾端有尾刺3对,中间1对粗大,两侧各有短而弯曲的细刺1对。雄蛹生殖孔在腹部第9节,雌蛹生殖孔位于第8节。

2.分布与危害

玉米黏虫广泛分布于我国各地玉米种植区,是一种多食性害虫,可取食100余种植物,但喜食玉米为主的禾本科植物(图5-13)。以幼虫咬食寄主的叶片为害,1、2龄幼虫潜入心叶取食叶肉形成小孔,3龄后幼虫由叶边缘咬食形成缺刻。为害严重时常把叶片全部吃光仅剩秆,甚至能把抽出的麦穗咬断,造成严重减产,甚至绝收。

3.发生规律

在我国各地发生的世代数因地区纬度而异,纬度越高,发生世代数越少。在我国由北至南1年

图5-13　玉米黏虫的田间为害状

发生2~8代。在北纬33°(1月份0℃等温线)以南,黏虫幼虫及蛹可顺利越冬或继续为害,在此线以北地区不能越冬。黏虫幼虫6次蜕皮变成蛹,至再变成蛾后不再吃植物叶子,而改食花蜜,故不再对农业产生危害。

4.绿色防控技术

(1)生态调控

清除田间玉米秸秆,用作燃料或堆肥,以杀死潜伏在秆内的虫蛹;合理轮作,及时除草,破坏玉米黏虫的栖息环境,减少成虫基数及产卵。

(2)理化诱控

采用灯光诱杀、性诱剂及糖醋液引诱等理化诱控技术可以有效减少成虫数量,降低虫口密度。

（3）生物防治

保护和利用天敌防治黏虫,在黏虫卵孵化初期喷施苏云金杆菌制剂,注意邻近桑园的田块不能使用。

（4）科学用药

当玉米田2代黏虫虫口密度达30头/百株和3代黏虫虫口密度达50头/百株时,选用甲氨基阿维菌素苯甲酸盐、氯虫苯甲酰胺、高效氯氟氰菊酯等杀虫剂喷雾防治。

四 玉米蚜虫

1.形态特征

玉米蚜有无翅蚜和有翅蚜不同形态,无翅孤雌蚜体长卵形,长1.8 ~ 2.2毫米,活虫深绿色,披薄白粉,附肢黑色,复眼红褐色。腹部第7节毛片黑色,第8节具背中横带,体表有网纹。触角、喙、足、腹管、尾片黑色。触角6节,长度短于体长的1/3。喙粗短,不达中足基节,端节为基宽1.7倍。腹管长圆筒形,端部收缩,腹管具覆瓦状纹。尾片圆锥状,具毛4 ~ 5根。

有翅孤雌蚜体长卵形,长1.6 ~ 1.8毫米,头、胸黑色发亮,腹部黄红色至深绿色,腹管前各处有暗色侧斑。触角6节,长度为体长的1/3,触角、喙、足、腹节间、腹管及尾片黑色。腹部2 ~ 4节各具1对大型缘斑,第6、第7节上有背中横带,第8节中带贯通全节。卵椭圆形。

2.分布与危害

玉米蚜主要分布在华北、东北、西南、华南、华东等地。玉米蚜在玉米苗期群集在心叶内刺吸为害,随着植株生长集中在新生的叶片为害。孕穗期多密集在剑叶内和叶鞘上为害,边吸取玉米汁液,边排泄大量蜜露,覆盖叶面上的蜜露影响玉米的光合作用,易引起霉菌寄生,被害植株长势衰弱,发育不良,产量下降(图5-14)。

3.发生规律

玉米蚜在长江流域1年发生20多代,冬季以成、若蚜在大麦心叶或以孤雌成、若蚜在禾本科植物上越冬。我国从北到南1年发生10至20余代,以无翅胎生雌蚜在小麦苗及禾本科杂草的心叶里越冬。4月底5月初向春玉米、高粱迁移。玉米抽雄前,一直群集于心叶内繁殖为害,抽雄后

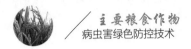
扩散至雄穗、雌穗上繁殖为害,扬花期是玉米蚜繁殖为害的最有利的时期,故防治适期应在玉米抽雄前。适温高湿,即气温在23℃左右,相对湿度在85%以上,玉米正值抽雄扬花期时,最适于玉米蚜的增殖为害,而暴风雨对玉米蚜有较大控制作用。杂草较重发生的田块,玉米蚜也偏重发生。

图5-14　玉米蚜虫的田间为害状

4.绿色防控技术

(1)生态调控

及时清除田间地头杂草,采用麦垄套种玉米栽培法比麦后播种的玉米生育期提早10~15天,可避开蚜虫繁殖盛期。

(2)生物防治

释放异色瓢虫、黑带食蚜蝇、中华草蛉、大草蛉、丽草蛉、麦蚜茧蜂、草间小黑蛛等天敌,对玉米蚜有良好的防治效果。

(3)科学用药

在蚜虫常年发生重的地区,使用噻虫嗪种衣剂对种子包衣。虫害点片发生时进行挑治,当有蚜株率为30%~40%,出现"起油株"(蜜露)时应进行全田普治。选用对蚜虫高效且对天敌杀伤小的药剂进行防治,如噻虫嗪、吡虫啉、吡蚜酮等。

第三节 玉米田主要杂草识别与绿色防控技术

一 禾本科杂草

1.马唐

（1）形态特征

成株高30~60厘米，多分蘖，茎基部匍匐，节着土后易生根（图5-15）。叶鞘松弛包茎，常短于节间，散生疣基柔毛。叶片线状披针形。叶鞘和叶片均密被长毛，边缘多少粗糙。适生旱地，偶尔进入直播稻田。叶舌膜质，先端钝圆。总状花序3~

图5-15 马唐

10个，长5~18厘米，呈指状排列于茎顶。小穗为披针形，长3~3.5毫米，通常孪生，一具长柄，一具极短的柄或无柄；第一颖微小，呈钝三角形，第二颖长为小穗的1/2~3/4，3脉，边缘具纤毛。第一小花外稃与小穗等长，具明显的5~7脉，中脉更明显，脉间距较宽而无毛，边缘具短纤毛。第二小花几乎与小穗等长，淡绿色。种子为椭圆形，长约3毫米，淡黄色或灰白色，胚卵形，长约等于颖果的1/3。幼苗为深绿色。第一片真叶长6~8毫米，宽2~3毫米，具有一狭窄环状而顶端齿裂的叶舌，叶缘具长睫毛。以种子繁殖为主，种子边成熟边脱落，带有节的匍匐茎亦可进行营养繁殖，人工防除或机械损伤后可通过节上产生不定根而长成新的植株。

（2）分布与危害

广泛分布于全国各地，秦岭—淮河一线以北地区的秋熟旱作物田发生面积最大，长江流域、西南、华南也都有发生。为玉米、大豆、花生、棉花、夏秋季蔬菜等作物田优势杂草，发生数量、分布范围在旱地杂草中均居首位。全世界温、热地带均有分布，是世界18种恶性杂草之一。以作

物生长前中期为害为主,常和毛马唐混生为害。玉米田长期使用磺酰脲类除草剂的田块,马唐产生明显抗性。

2.狗尾草

(1)形态特征

成株高 20~60 厘米(图 5-16)。基部常有分蘖。叶鞘松弛,无毛或疏具柔毛或疣毛,边缘具较长密绵毛状纤毛;叶舌呈一圈短纤毛,叶片线状披针形,顶端渐尖,基部圆形。圆锥花序圆柱状,紧密,直立;小穗长 2~2.5毫米,2 至数枚成簇生于缩短分枝上,基部有刚毛状小枝 1~

图 5-16 狗尾草

6条,成熟后与刚毛分离而脱落;第一颖长为小穗1/3,具 1~3 脉;第二颖与小穗等长或稍短,具 5~6 脉;第一小花外稃与小穗等长,具 5 脉,第二小花外稃较第一小花外稃微短,有细点状皱纹,成熟时背部稍隆起,边缘卷抱内稃。颖果近卵形,腹面扁平,脐圆形。幼苗第一叶倒披针状椭圆形,先端锐尖,无毛;第二、第三叶狭倒披针形,先端尖,叶舌毛状,叶耳处有紫红色斑。以种子进行繁殖。

(2)分布与危害

我国各地均有分布。狗尾草种子适生性强,耐旱、耐贫瘠,在酸性或碱性土壤均可生长,常见于农田、路边、荒地。麦类、稻类、玉米、旱作物易受其侵害,与作物争夺肥力能力强,导致作物减产。

3.稗草

(1)形态特征

一年生禾本科稗属植物(图 5-17),主要有小旱稗、短芒稗、细叶旱稗、西来稗、无芒稗等变种。叶鞘疏松裹秆,平滑无毛,下部者长于节间而上部者短于节间。叶舌缺。叶片扁平,线形,长 10~40 厘米,宽 5~20 毫米,无毛,边缘粗糙。

(2)分布与危害

分布于我国各地,多生于沼泽地、沟边及水稻田中。稗草拥有发达根系且分蘖能力强，与玉米争夺光照、水分、养分等生存资源，对玉米生长发育造成影响，同时稗草还是黏虫、玉米螟等害虫及病原物中间寄主，使病虫害蔓延，导致玉米品质和产量下降。

4.牛筋草

（1）形态特征

一年生禾本科草本植物。根系极发达，秆基部倾斜。花两性。叶鞘两侧压扁而具脊，松弛，无毛或疏生疣毛。叶舌长约1毫米。叶片平展，线形，长10～15厘米，宽3～5毫米，无毛或上面被疣基柔毛（图5-18）。种子为黑褐色，成熟时有波状花纹，卵形。

（2）分布与危害

分布于田边、路旁、荒地及道路旁，亦可进入玉米等秋熟作物田为害。吸收土壤水分和养分的能

图5-17　稗草

图5-18　牛筋草

力很强，而且生长优势强，耗水、耗肥常超过作物生长消耗，株高常高出作物，影响作物光合作用，干扰并限制作物生长。

二 阔叶杂草

1.反枝苋

（1）形态特征

株高可达1米（图5-19）。茎密被柔毛。叶菱状卵形或椭圆状卵形，先端锐尖或尖凹，两面及边缘被柔毛，下面毛较密。穗状圆锥花序，顶生花穗较侧生穗长。花被片长圆形或长圆状倒卵形，雄蕊较花被片稍长。胞果扁卵形，包在宿存花被片内。种子近球形。

图 5-19　反枝苋

(2)分布与危害

广泛分布于全球温带、亚热带和热带地区,我国各地都有发生。喜生于疏松、干燥土壤。为秋熟旱作物田、果园、茶园常见杂草,蔬菜地也多有发生。

2.马齿苋

(1)形态特征

马齿苋科一年生草本植物(图5-20)。多皱缩卷曲,常结成团。茎为圆柱形,表面黄褐色,有明显纵沟纹。叶对生或互生,易破碎,完整叶片为倒卵形,绿褐色,先端钝平或微缺,全缘。蒴果为圆锥形,内含多数细小种子。

图 5-20　马齿苋

(2)分布与危害

分布于我国各地的花生田、大豆田、棉花田和玉米田中。喜温暖湿润气候,适应性较强,能耐旱,在丘陵和平地一般土壤都可生长。马齿苋吸收土壤水分和养分能力很强,且生长优势强,耗水、耗肥常超过作物生长消耗,干扰并限制作物生长。

3. 藜

（1）形态特征

叶片为菱状卵形至宽披针形,长3~6厘米,宽2.5~5厘米,先端急尖或微钝,基部为楔形至宽楔形,上面通常无粉,有时嫩叶上面有紫红色粉,下面有少量粉,边缘具不整齐锯齿（图5-21）。果皮与种子贴生。种子横生,呈双凸镜

图5-21 藜

状,直径1.2~1.5毫米,边缘钝,黑色,有光泽,表面具浅沟纹。胚环形。

（2）分布与危害

分布于我国各地,常见于路旁、荒地及玉米、小麦、棉花、豆类、薯类、蔬菜、花生等旱作物田间,为桃蚜、棉铃虫、地老虎等害虫的中间寄主。

4. 鸭跖草

（1）形态特征

鸭跖草科鸭跖草属一年生披散草本植物（图5-22）。茎匍匐生根,多分枝,长可达1米,下部无毛,上部被短毛。叶披针形至卵状披针形,长3~9厘米,宽1.5~2厘米。总苞片佛焰苞状,有1.5~4厘米的柄,与叶对生,折叠状,展开后为心形,顶端短急尖,基部心形,长1.2~2.5厘米,边缘常有硬毛;聚伞花序,上面一枝具花3~4朵,具短梗,几乎不伸出佛焰苞。花梗长仅3毫米,果期弯曲,长不过6毫米;萼片膜质,长约5毫米,内面2枚常靠近或合生;花瓣深蓝色。

（2）分布与危害

分布于云南、四川、甘肃以东地区。鸭跖草适应性、耐旱性强,土壤略微湿即可生长,与作物争夺光照、水分、养分等生存资源,对作物生长发育造成影响,同时也能传播病虫害。

图5-22 鸭跖草

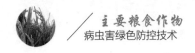
5.苘麻

(1)形态特征

锦葵科苘麻属一年生亚灌木草本植物(图5-23)。茎秆较高,上面有柔毛。叶子较大且有纹路,浅绿色,边缘不平整,叶柄较长。花朵呈扇形,表面有细毛,黄色。果实较小,呈半球形。种子为褐色。叶互生,圆心形,长5~10厘米,先端长渐尖,基部心形,边缘具细圆锯齿,两面均密被星状柔毛。叶柄长3~12厘米,被星状细柔毛。托叶早落。

图5-23　苘麻

(2)分布与危害

在我国,除青藏高原外,其他各地均有发生。主要为害玉米、棉花、豆类、蔬菜等作物,荒地、路旁亦有生长,易形成单一优势群落,危害生物多样性。

6.打碗花

(1)形态特征

旋花科打碗花属一年生草本植物,高可达30厘米(图5-24)。茎平卧有细棱,茎基部叶长圆形,先端圆,基部戟形。茎上部叶三角状戟形,中裂片披针状或卵状三角形。花单生叶腋,苞片卵圆形,萼片长圆形,花冠漏斗状。蒴果卵圆形。种子黑褐色被小疣。

图 5-24　打碗花

（2）分布与危害

在我国，主要分布在东北、华北、西南和华东地区，常生长于路旁、溪边或湖边潮湿处。适应性极强，极耐恶劣环境，因此地下茎蔓延迅速，常成单一优势群落，对农田为害较严重，在有些地区成为恶性杂草。主要为害春小麦、棉花、豆类、红薯、玉米、蔬菜以及果树。

7. 田旋花

（1）形态特征

旋花科旋花属多年生草本植物（图5-25）。株长可达1米，具木质根状茎，茎平卧或缠绕，无毛或疏被柔毛。叶卵形、卵状长圆形或披针形，先端钝，基部戟形、箭形或心形，两面被毛或无毛。聚伞花序腋生，苞片线形，萼片长椭圆形，内萼片近圆形，花冠白色或淡红色，宽漏斗形，雄蕊稍不等长，长约花冠之半，花丝被小鳞毛，柱头线形，蒴果无毛。

图 5-25　田旋花

（2）分布与危害

田旋花生于耕地及荒坡草地上，环境适应能力、繁殖和再生能力强，常成片生长形成优势种群，与作物争水、争肥，其茎蔓缠绕在作物上，影响作物光合作用，甚至引起作物倒伏。

8.裂叶牵牛

（1）形态特征

全株被粗硬毛（图5-26）。茎缠绕，多分枝。叶互生，叶具柄，柄长5～15厘米，被毛，叶片宽卵形或近圆形，深或浅的3裂，偶5裂，基部圆形或心形，中裂片长圆形或卵圆形，先端渐尖，侧裂片较短，三角形，裂口锐或圆，叶面或疏或密被微硬的柔毛。花1～3朵集成花序，腋生，

图5-26　裂叶牵牛

花序梗略短于叶柄，萼片5，披针形，长2～2.5厘米，先端尾常尖，基部密被开展的粗硬毛，不向外反曲。花冠漏斗状，蓝紫色，长5～10厘米，顶端5浅裂，雄蕊5，子房3室，柱头头状。蒴果近球形。种子5～6个，卵圆形或卵状三棱形，黑褐色或米黄色。幼苗粗壮。子叶近方形，长约2厘米，先端深凹缺刻几达叶片中部，基部心形，叶脉明显，具柄，柄被短硬毛。初生叶1片，3裂，中裂片大，先端渐尖，基部心形；叶片及叶柄均密被长茸毛。以种子进行繁殖。

（2）分布与危害

除东北、西北一些省份以外，我国大部分地区均有分布。生长于田边、路旁、河谷、宅园、果园、山坡，适应性很强。为秋熟旱作物田常见杂草，为害玉米、甘蔗、棉花、大豆等作物，部分果园、苗圃受害较重。

9.葎草

（1）形态特征

一年生或多年生蔓性草本，长达数米，有倒钩刺（图5-27）。叶对生，掌状5深裂，稀有3～7裂，边缘有锯齿，上面生刚毛，下面有腺点，脉上有刚毛；叶柄长5～20厘米。花单性，雌雄异株。花序腋生。雄花为圆锥状

花序,有多数淡黄绿色小花。雌花10余朵集成短穗,腋生,每2朵雌花有一卵状披针形、具白毛刺和黄色腺点的苞片,无花被。果穗呈绿色,鳞状苞花后成卵圆形,先端短尾尖,外侧有暗紫色斑及长白毛。瘦果卵圆形,长4~5毫米,质坚硬。

图5-27　葎草

（2）分布与危害

主要分布于东北、华北、中南、西南、陕西、甘肃。常生于沟边、路边、荒地及田间,适应能力非常强,适生幅度特别宽,再生能力也很强。主要为害果树及作物,其茎缠绕在果树上,影响果树生长,局部地区对玉米、小麦为害较为严重,常成片生长。

10. 铁苋菜

（1）形态特征

大戟科铁苋菜属一年生草本植物（图5-28）。茎直立,有纵条纹,具灰白色细柔毛,单叶互生膜质,卵形至卵状菱形或近椭圆形,先端稍尖,基部广楔形,边缘有钝齿,粗糙,有白色柔毛,花序腋生,花单性,雌雄同序,无花瓣,苞片开展时呈三角状肾形,合时如蚌,蒴果小,三角状半圆形,淡褐色,被粗毛。

（2）分布与危害

几乎遍及我国各个地区,为秋熟旱作物田主要杂草。在棉花、甘

图5-28　铁苋菜

薯、玉米、大豆及蔬菜田为害较重,局部地区成为棉花、玉米及蔬菜田优势种群。

11.刺儿菜

(1)形态特征

地下有直根及根状茎。茎直立,幼茎被白色蛛丝状毛,有棱,高30～50厘米。单叶互生,长7～10厘米,宽1.5～2.5厘米,缘具刺状齿,基生叶早落,下部和中部叶椭圆状披针形,两面被白色蛛丝状毛,中、上部叶有时羽状浅裂(图5-29)。雌雄异株,雄株头状花序较小,雌株花序则较大,总苞片多层,外层甚短,中层以内先端长渐尖,具刺;花冠紫红色,雄花花冠长15～20毫米,其中花冠裂片长10毫米,雌花花冠长25毫米,其中裂片长5毫米;花药紫红色,雌花具退化雄蕊,长约2毫米。瘦果椭圆形或长卵形,略扁,表面浅黄色至褐色;有波状横皱纹,每面具1条明显的纵脊;顶端截形。冠毛白色,羽毛状,脱落性。子叶出土,阔椭圆形,长6.5毫米,宽5毫米,稍歪斜,全缘,基部楔形。下胚轴发达,上胚轴不发育。初生叶1片,椭圆形,缘具刺状齿,无毛,随之出现的后生叶几与初生叶成对生。发达的根状茎进行营养繁殖,如被切断,则每段都能萌生成新株,借以迅速繁殖扩散;也可以种子进行繁殖。

图5-29　刺儿菜

(2)分布与危害

我国各地均有分布。常生于田边、路旁、荒地或山坡,多发生于土壤疏松的旱性田地。北方农田局部为害较重,亦为棉蚜、向日葵菌核病的寄主,间接为害作物。

（四）玉米田混生杂草绿色防控技术

1.生态调控

（1）合理密植

选用耐密植玉米品种,采取精量播种、一播全苗的措施,保证春玉米每亩播种密度超过4 200株,夏玉米每亩播种密度超过4 500株,抑制杂草发生和生长。

（2）改善肥水管理

通过强化肥水管理,提高玉米对杂草的竞争力。

（3）优化作物布局

采取玉米间作套种大豆、花生、绿豆等作物,减少伴生杂草发生。

（4）加强田间管理

利用粉碎的小麦、大豆等作物秸秆覆盖,有效降低杂草出苗数。在玉米苗期和中期,结合施肥,采取机械中耕培土,防除行间杂草。

2.科学用药

玉米田杂草因地域、播种季节和轮作方式的不同,采用的化学除草策略和除草剂品种有一定差异。经测算,春玉米田以稗草–苘麻为混合优势杂草种群的防除指标为10株/米^2,夏玉米田以马唐–反枝苋为混合优势杂草种群的防除指标为5株/米^2(以产量损失率5%计算)。莠去津属于长残留除草剂,使用量应控制在每亩38克(按有效成分量计算)以下;使用过莠去津的玉米田,要谨慎选择下茬作物,以防产生药害。

（1）春玉米种植区

北方一年一熟玉米种植区,在播种季节土壤墒情较好的地块,杂草防控采用"一封一杀"策略;在土壤墒情差、降雨少、砂性土壤的地块,杂草防控采用"一杀一补"策略。播后苗前,选用乙草胺、异丙甲草胺、异丙草胺、唑嘧磺草胺、噻吩磺隆、噻酮磺隆、2,4–滴异辛酯、异噁唑草酮等药剂及其复配制剂进行土壤封闭处理。在玉米3~5叶期,杂草2~6叶期,选用烟嘧磺隆、硝磺草酮、苯唑草酮、噻酮磺隆等药剂及其复配制剂防治稗草、马唐、野黍等禾本科杂草,选用氯氟吡氧乙酸、辛酰溴苯腈、莠去津、特丁津、硝磺草酮等药剂及其复配制剂防治鸭跖草、反枝苋、苘麻等阔叶杂草。

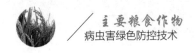

（2）夏玉米种植区

黄淮海、南方玉米种植区，玉米在小麦（油菜）收获后贴茬免耕种植，杂草防控采用"一盖一杀"或"一封一杀"策略。小麦（油菜）收获后，采取秸秆田间粉碎覆盖，免耕播种夏玉米。无秸秆覆盖的田块播后苗前，选用乙草胺（异丙甲草胺、异丙草胺）+莠去津（特丁津、唑嘧磺草胺）桶混进行土壤封闭处理。在玉米3～5叶期，杂草2～6叶期，选用烟嘧磺隆、硝磺草酮、苯唑草酮等药剂及其复配制剂防治稗草、马唐等禾本科杂草，选用氯氟吡氧乙酸、辛酰溴苯腈、莠去津、特丁津和硝磺草酮等药剂及其复配制剂防治反枝苋、藜等阔叶杂草。

▶ 第四节　玉米全生育期病虫害绿色防控技术体系

一 防控策略

贯彻"预防为主，综合防治"的植保方针和"公共植保、绿色植保、科学植保"的工作理念，结合生态调控、农业防治、生物防治和理化诱控等措施，大力推广先进的植保机械，对重大病虫害开展统防统治，从而实现农药减量控害，保障玉米生产安全。

二 防控对象

主要防控对象为草地贪夜蛾、黏虫、玉米螟、玉米南方锈病、玉米弯孢霉叶斑病和马唐等恶性杂草，兼治蓟马、蚜虫、甜菜夜蛾、褐斑病、纹枯病、小斑病、穗腐病等病虫害。

三 防控措施

1.种植前

（1）合理布局、轮作换茬

同一区域避免大面积种植单一玉米品种，保持生态多样性，控制病虫害的发生。在玉米茎腐病、玉米黑穗病常发区域和玉米弯孢霉叶斑病等叶斑病严重发生区,可与甘薯、大豆、棉花、马铃薯、向日葵等非寄主作物轮作换茬,尽可能避免连作,防止土壤中病原菌积累,以减轻病害的发生。

(2)深翻改土、清洁田园

及时深翻或深松,破坏地下害虫和土栖害虫栖息地,减少其越冬基数。及时清除田间地头杂草及田间作物残茬,以破坏害虫栖息地,防止害虫向田间转移为害,减少田间虫源数量。

(3)种植抗病品种、合理密植

推广种植抗(耐)病虫的玉米品种适期适量播种,避开病虫侵染为害高峰期。早播田起垄、覆膜栽培。根据当地自然条件、地力状况及玉米品种特性确定种植密度。春玉米应在 5~10 厘米地温稳定在10℃以上时播种;夏玉米在油菜、豌豆、大蒜、小麦等作物收获后或收获前一周内,及时灭茬播种或套种,避开灰飞虱1代成虫从麦田转移为害高峰期,降低玉米粗缩病的发生与为害。

(4)种子包衣

以苗期常发病虫害,如玉米根腐病、蓟马、甜菜夜蛾、草地贪夜蛾等为主要防治对象,选择靶标性强的药剂进行种子包衣。如种子已经包衣,但药剂针对性不强,可选择持效期长的种衣剂在播种前二次包衣,达到防治抽雄前病虫害的目的。

2.播种至拔节前

(1)非化学防治

①田边种植显花植物。可在田埂上种植芝麻、波斯菊等显花植物或大豆、秋葵等经济作物,吸引、保护天敌。

②诱虫灯诱杀。于当地越冬代螟虫孵化初期开灯诱杀。

③性诱剂、食诱剂诱杀。根据当地玉米、黏虫等重要害虫的发生种类选择相应的诱芯,于发蛾期按产品说明书的要求放置诱捕器诱芯,对害虫进行诱杀。

(2)化学防治

①化学除草。播后苗前土壤处理,即玉米播种后杂草出苗前,若地面无秸秆等附着物或附着物较少,田间土壤墒情良好,宜采用土壤处理防除杂草。例如,选择乙草胺+莠去津或氰草津等除草剂均匀喷洒地面

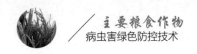

进行封闭除草。在玉米3～5叶期苗后进行茎叶处理来防除杂草,可根据田间草相来选择烟嘧磺隆、硝磺草酮、苯唑草酮、莠去津、氯氟吡氧乙酸等除草剂,均匀喷雾。

②病虫害防治。在玉米小喇叭口期,根据田间病虫害发生情况,可选择喷施氯虫苯甲酰胺、甲维盐、噻虫嗪等高效低剂量化学药剂,或苏云金芽孢杆菌、金龟子绿僵菌、白僵菌、核型多角体病毒、短稳杆菌等生物制剂防治玉米螟、草地贪夜蛾、甜菜夜蛾、黏虫等食叶害虫;可混喷苯醚甲环唑、丙环唑、戊唑醇等预防叶部病害。

3.心叶末期综合防治

(1)化学防治

根据当地玉米中后期病虫害监测结果,采用植保无人机等进行叶片喷雾或颗粒剂撒施防治成株期病虫害。选择喷(撒)施氯虫苯甲酰胺、甲维盐等化学药剂或苏云金芽孢杆菌、金龟子绿僵菌、白僵菌、核型多角体病毒、短稳杆菌等生物制剂,混配苯醚甲环唑、丙环唑等,可有效防治玉米成株期草地贪夜蛾、玉米螟、桃蛀螟、棉铃虫等钻蛀性害虫和玉米南方锈病、玉米弯孢霉叶斑病、玉米褐斑病等叶部病害。

(2)释放天敌

在草地贪夜蛾、玉米螟等害虫产卵始盛期统一释放人工繁殖的夜蛾黑卵蜂或赤眼蜂2～3次,每亩放蜂1万～2万头。